感谢瞧不起你的人

把别人的打击，当成奋发向上的阶梯

夏沫 编著

中国商业出版社

图书在版编目（CIP）数据

感谢瞧不起你的人 / 夏沫编著 . —北京：中国商业出版社，2015. 9

ISBN 978-7-5044-9096-4

Ⅰ. ①感…　Ⅱ. ①夏…Ⅲ. ①成功心理—通俗读物

Ⅳ. ① B848.4-49

中国版本图书馆 CIP 数据核字（2015）第 202660 号

责任编辑：朱丽丽

中国商业出版社出版发行

010-63180647　www.c-cbook.com

（100053　北京广安门内报国寺 1 号）

新华书店总店北京发行所经销

北京毅峰迅捷印刷有限公司印刷

*

710×1000 毫米　16 开　14 印张　207 千字

2015 年 10 月第 1 版　2015 年 10 月第 1 次印刷

定价：32.00 元

* * * *

前　言

PREFACE

在生活中，当我们遭受批评、伤害、欺负、背叛、责罚、讽刺时该怎么办？比尔·盖茨说过："世界不会在意你的自尊，人们看的只是你的成就。在你没有成就以前，切勿过分强调自尊。"盖茨意在告诉我们，愚蠢的人为了事业盲目地去死，聪明的人为了事业委屈地活着。

火石不经摩擦，不会发出火花。同样，人们不遇刺激，生命的火焰就不会燃烧——失败、贫穷、痛苦，不是永久不可超越的障碍，反而是人们最好的刺激品，因为这些能锻炼他们的身心，使得他们更坚毅、更强固。钻石愈硬，光彩愈耀目，要将其光彩显出来所需的磨擦也愈多。只有磨擦，才能使钻石显出它全部的美丽。

当有人问你："你能行吗？"你可能会说："我为什么不行？"同时，你会在内心升腾起一股上进的力量。所以面对轻视和白眼，不要愤恨、抱怨，更不要以牙还牙，相反，要感谢那些瞧不起你的人。因为轻视你的人，让你变得坚强；轻视你的人，让你学会了辨别；轻视你的人，让你有了进步；轻视你的人，让你有了动力……

一个无畏人生困苦的人，愈为环境所困，反而愈加奋勇，不战栗，不逡巡，胸膛直挺，意志坚定，敢于面对任何困难，轻视任何厄运，嘲笑任何阻碍。因为忧患、困苦，不足以损他毫发，反足以增强他的意志、力量与品格，而使他成为人上之人——这真是世间最可敬佩、最可艳羡的一种人物了。

感谢那些轻视你的人，这不是自我安慰，而是一种成长。道理很简单，轻视你的人往往会磨练你的意志。当你想放弃时，你会抱着坚持下去的信念，面对挫折，你会有更多不服输的精神……所以，如果说重视你的人是在“帮你成功”，那么轻视你的人是在“逼你成功”。

本书告诉你如何将别人的轻视转化为成功的动力，让你学会在轻视中看到自己积极的一面，做一个了不起的自己。

目　录

CONTENTS

第九章 爱上险恶的世界，教训让你越活越聪明

第十章 多记好处少记恨，好运属于胸怀宽广的人

第一章　被人看低不生气，轻视让你清醒看自己

谁都不想被人看贬，谁都希望自己被人赞赏，殊不知，人生有一种失败就叫做捧杀！不是吗？自古以来，不知有多少人败于骄傲自满。因此，被人看低也不要生气，因为这会让你冷静地审视自己、看清自己。一个人只有认清自我，正确地衡量自我，才能发挥自己的最大潜能，获得属于自己的成功。

藐视你的人，赋予你前进的力量

谁都不想被人瞧不起，所以，藐视对很多人来说是一种巨大的激励，让人爆发更强的力量在成功路上拼搏。

藐视，确实是一个很难说得出口的词语，因为我们一旦被人藐视，那就说明了我们身上有一些被人看不起的缺陷。即便是别人故作姿态，故意轻看我们，那还是证明了我们不够强大。这些从藐视的含义之中就可以看得出来。所谓藐视，就是认为某种事物很卑贱、渺小、没有价值或令人厌恶，从而对它加以轻视，加以嘲笑。

俗话说得好“金无足赤，人无完人”。在生活中没有一个人是完美而无缺陷的，再伟大的人身上也会有缺点，这是毋庸置疑的。一个能力再强的人，也不可能集所有的长处于一身，当在某些方面相形见拙时，自然也会被某些世俗的人小看了。我们都是凡人，所以纵然我们的能力很强，也总会存在着缺陷。而这些缺陷，往往就会成为那些别有用心之人藐视我们的切入点。

我们或许缺乏谋生手段，或许出身贫寒，或许其貌不扬，或许名落孙山。当然了，我们更可能会职业“低贱”，能力太差，身有残疾，“陋习”诸多等等。所有的这些，都会成为我们被人藐视的理由。藐视我们的人，当然不会仅仅在心里瞧不起我们，他们会在眼神中蔑视我们，在言语中轻贱我们，甚至在行动上打击我们。总而言之，他们面对我们时的言谈举止，极有可能会化为一把锋利无比的宝剑，狠狠地刺伤我们。甚至，他们会伤到我们的自尊，让我们自惭形秽。

正因为如此，每个人都害怕被别人藐视，我们自然也怕。我们怕当那柄利剑刺来的时候，自己会无处藏身，会被刺得体无完肤，伤痕累累。于是在很多时候，我们都习惯于躲避这些伤害。我们试着隐藏自己的缺陷，不让别人看到；实在隐藏不了的时候，我们也总是回避自己的缺陷，不愿意让别人触及。可是，这样真的就能不被别人藐视了吗？

当然不是！事实上，无论怎样闪避，藐视我们的人已经在心里认定了我们是可笑的失败者。他们总会轻轻巧巧地抓住我们的缺陷，对我们加以嘲弄。我们的闪避不仅不能使自己免于被人藐视，反而还会被人抓住把柄：这个人是一个既懦弱又无能的家伙。如此一来，我们只能更加被人藐视。

那么，我们要怎样去面对那些藐视我们的人？古人说得好，狭路相逢勇者胜。藐视我们的人，其实如同与我们挤在一条狭窄的山道上，既然无法逃避，那就勇敢地面对。我们要学会勇敢地直面那些藐视我们的人。想想看，即便是我们的相貌很丑，不敢面对镜子就能改变貌丑的现实吗？当然不能。别人既然看到了我们的缺陷，我们就不应该逃避，即便是逃得再远，我们的缺陷依然存在。所以，直面才是最好的解决办法。就当藐视我们的人是一面镜子，在他们面前仔细地看看自己：缺陷在哪里？有什么办法可以改变这些缺陷？

唯有如此，才能从别人的藐视之中走出来。

那年的6月，对王伟来说，是最灰色的日子，他和好朋友张浩商量好了，要一起考入北方的那所大学。可是，没有想到的是，一向成绩优秀的他，却在高考时失了利。这是命运给他开的一个玩笑，他不得不选择复读。

他的性格很倔，本不愿意复读的，他想依靠自己的双手在外面打拼。可是，父母说什么也不同意，强迫他选择了复读。虽然进了学校，可是他却早已没有了斗志，他所有的斗志都在那次高考失利之中烟消云散。

他不再认真学习，而是终日游手好闲，浑浑噩噩。泡网吧、逃课成了他的家常便饭，半学期下来，他成了学校的“知名”人物。当然，这个

“知名”和以前的大不一样，这次是问题学生。父母的骂没有用，老师的劝告也没有用。终于有一天，老师不再劝告他，而是对他放任不管了。

有一次，学校组织摸底考试，老师给所有人发了卷子，唯独没有发给他。他站起身来向老师要，老师淡然地对他说：“卷子印得有点少了，正好缺了一份。”

他有些生气，对老师说：“为什么所有人都有，偏偏我没有，少了一份卷子，为什么非得是我没有却不是别人？”老师抬起了头，当着全班同学的面说：“你这种人，不但浪费了自己的青春，还浪费了父母的血汗钱，你是个十足的败家子。为什么会没有你的卷子？因为所有的同学，都可以用那份卷子得到一份收获，而你却得不到。你的行为告诉我们大家，你已经不可救药了。”

老师的话对他是当头一棒，他简直不敢相信自己真的像老师所说的一样。看着老师和周围同学们那藐视的眼神，他觉得自己心里的某处松动了。这次他没有像往常一样，又跑到网吧里玩，而是对老师说了声谢谢，然后悄然坐下，拿起了手中的书本。

第二年，他在那所学校里遇到了好友张浩。张浩很是吃惊，问道：“你小子，听说复读那年有大半年时间你都是游手好闲，怎么这么快又重整旗鼓，杀到这所大学里来了？”

王伟淡然一笑，说：“还记得高三时那个最狠的老师吗？就是她！是她的藐视唤醒了我，那天她当着全班同学的面，狠狠地羞辱了我。我当时忽然明白了，原来自己的缺陷是那么的让人看不起。于是我在心里对自己说：老师，别看不起人，我会证明给你看自己并不是败家子的。结果我发奋学习，最终进了这所学校。这下，咱俩又可以在一起了。”

张浩也笑了：“看来，你的成功，是因为敢于直面老师的藐视啊！”

藐视有什么可怕？被人藐视，又不是被扒光了衣服赤身裸体地上街游行，只是被人看轻了缺陷而已。如果真有这方面的缺陷，那应该高兴才是。因为藐视我们的人，给我们敲响了警钟：我这方面很弱，需要注意了。如果我们真的没有什么不足和缺陷，那就只能说明藐视我们的人有问题了，就不需要介怀了。所以，无论如何，我们都应该去直面那些藐视我们的人。

被人藐视，不是遇上了豺狼虎豹，而是遇到蛇虫鼠蚁，所以不需要恐惧。他们藐视的，只是我们的缺陷。或许我们原本不知道这些缺陷呢，一经他们的提醒，我们才猛然醒悟：啊！原来我还有这么多不足啊！直面他们，我才能真正发现自己的这些不足。

注意捧杀，不要追求太多的赞许

赞扬，有时就是一碗“迷魂汤”，它会让人对自己的一点点成绩忘乎所以——很多人在这样的捧杀中“死”去。

人都有这样的渴望：渴望得到别人的赞赏，渴望得到对方的认可，因为没有谁会喜欢对方轻视自己。从表面上看，这样的渴望没有什么害处，更没有什么不对。但是，如果一个人为了得到别人的赞赏和认可，处处迎合对方，那么，这样获得的赞许是最不值得的。

人在生活中必然会遇到大量反对意见。因为你不能要求所有人都看好你，更不能要求所有人的思维和观点都和你保持一致。

刘伟总是喜欢把自己的观点说给更多的人听，可是每当他的观点得不到赞同甚至遭到嘲讽时，他就很沮丧。为了获得对方的赞同，他常常费尽心思，但他总会碰壁。

有一次，刘伟和一位朋友聊天，话题是关于无痛死亡的问题。他本来是持反对态度的，但是他看到对方可能是持赞成意见的，为了迎合对方，他本能地立即修正了自己的观点："我刚才是说，一个神智清醒的人如果要求结束其生命，那么倒可以采取这种做法。"

后来，他和上司也无意中谈到了这个话题，吸取上次的教训，他说自己赞成无痛死亡，没想到却遭到上司强烈的训斥："……这难道不是对生命的亵渎吗？"他不知道，上司的父亲就是因为难以忍受病痛的折磨，自己服药自杀的，赞成无痛死亡正戳到上司的痛处。

看到上司反对，刘伟便马上改变自己的立场："……我刚才的意思只不过是说，只有在极为特殊的情况下……"

同一个问题，刘伟在面对不同的人时，为了迎合对方而持不同的观点。

由此可见，当我们在寻求赞许的时候，一旦成为过于强烈的心理需要，那么就会为迎合他人的观点与喜好而放弃自己内心真实的想法，慢慢地也就失去了自我。

希望得到他人的尊重是一种正常的心理，追求更多的人对自己认可也是无可厚非的，然而，很多人会为寻求他人的认可而活在爱慕虚荣的牢笼里。事实上，活在别人的眼光里是虚荣心理在作祟：别人对我的看法，比我对自己的看法更重要。它是精神上的死胡同，不会给生活和工作带来任何益处。

为了获得别人的认同，很多人会千方百计、绞尽脑汁地去迎合别人的喜好，目的仅仅是换取别人的认同和赞赏，这是不可取的。

其实，当别人对你报以掌声、喝彩的时候，也不一定就是对你赞许，或许是在捧杀你，所以，不要追求太多的赞许，千万不要染上虚荣的毒瘾，沦为别人赞许的牺牲品。

有多少人曾经在一片赞扬声中，迷惑了双眼，最终导致了失败。最令人扼腕叹息的恐怕就是王安石笔下的仲永了。

金溪县有个叫方仲永的人，他家世世代代以种田为生。方仲永长到5岁时便能作诗，并且诗的文采和寓意都很精妙，值得玩味。县里的人对此感到很惊讶，慢慢地都把他的父亲高看一等，有的还拿钱给他们。他父亲认为这样有利可图，便每天拉着方仲永四处拜见县里有名望的人，让他表演作诗，却不抓紧孩子的学习。到最后，方仲永已与众人无异。他的聪明才智最终被完全捧杀了。

世界上许多伟大的人物，能够清楚地对待他人的赞美。他们谦虚理智，有的甚至还很反感别人对自己的赞扬。

鉴于丘吉尔在第二次世界大战中的功绩，战后在他退位时，英国国会拟通过提案，要在公园里塑造一尊他的铜像，供众人景仰。

对于很多人来说，一定会接受这样的殊荣，但丘吉尔则不然，他一口回绝说："多谢大家的好意，我怕鸟儿喜欢在我的铜像上拉粪，还是请免了吧。"

牛顿，是杰出的学者、现代科学的奠基人，功绩显赫。可当听到朋友们赞扬他的时候，他却说："不要那么说，我不知道世人会怎么看我。不过我自己只觉得好像一个孩子在海边玩耍的时候，偶尔拾到几只光亮的贝壳。但关于大海的真正知识，我还没有发现呢。"

有这样谦逊好学、永不满足的精神，牛顿的成功是必然的。古今成大事业、大学问者，正是因为有了正确对待他人赞扬的态度和谦逊好学的精神，才达到人生的光辉顶点。

在你保持头脑清醒和冷静的时候，别人的赞美是对你的赞同、支持和信任，是给你再接再厉的能量，给你不断攀登、战胜困难的信心和勇气。一旦你的心被那些赞美声融化，你的眼睛被那些恭维表情蒙蔽，那么你就会和"方仲永"一样，成为被别人捧杀的可怜可悲的牺牲品。

向你“泼冷水”，是朋友在给你忠告

“泼冷水”的人可能是否定了你的智商和能力，但他也防止你做事武断、冒进，因为做事不假思索，结果大都会失败。

当一个人事业有成、受人追捧的时候，往往会脑门发热，沉浸在自我膨胀和幻想的泡沫中难以自拔。这是人之常情。但是，如果没有人给你泼盆“冷水”，你可能会一直飘飘然，直到遇到大灾难才会清醒。所以说，这时候给你敲警钟，“泼冷水”的朋友是在告诫你不可得意忘形，从而将你拉回到现实世界中。

大文豪萧伯纳凭借出众的才华和幽默的语言赢得了很多人的尊敬与仰慕，这也让他变得自负自大，尖酸刻薄。后来，一位朋友私下给萧伯纳敲警钟，说虽然你幽默风趣，但是大家都觉得，如果你不在场，大家会更快乐，因为大家比不上你。朋友问萧伯纳：“你的才华确实比他们略胜一筹，但这么一来，你的朋友将逐渐离开你，这对你又有什么益处呢？”

听了朋友的话萧伯纳如梦初醒，他意识到如果不收敛锋芒，改变自己的尖刻，社会将不再接纳他，失去的何止是朋友呢？于是，他下定决心改变自己，要把才华发挥在文学上。果然，这一转变造就了萧伯纳在文坛上的崇高地位。

那些在你寒冷的时候给你一丝温暖的人，的确可以称得上是你的好朋友。但是，在你事业如日中天、“头脑发热”之时，或者当你事业低靡去寻求安慰之时，不怕得罪你，且向你“泼冷水”的朋友，却可以称得上你的良师益友。

丽莎经历了一次糟糕透顶的签名售书活动，然而，正是这次经历，让她懂得了朋友的真正含义。原来，3个小时的签名售书活动总共只来了两个人，而且那两个人好像只是碰巧到书店，出于对丽莎的同情和遗憾才一人买了一本。这对一个把成为作家当做宏伟梦想的人来说，是一件非常丢脸的事情。

于是，丽莎打电话给做销售的好友莎伦，希望能从对方那里获得同情和爱护。但是，当丽莎一口气将自己的苦水倒出来之后，她却没有得到好友莎伦的安慰，迎来的反而是莎伦的“一盆冷水”。莎伦在电话里责问丽莎：“你老实对我说，在那个书店500米的范围内没有人会买你的书吗？难道你熬了那么多个夜晚写成这本书，就是为了像个呆瓜一样坐在那里，等着别人向你走来吗？你对这本书的关心，有没有达到让你走出去推销它的程度？”

当然，莎伦并不只是一个会教训人的朋友。在丽莎第二次签售时，莎伦走遍商场，帮忙派发明信片，直至丽莎将存书全部卖完。

丽莎后来对朋友说：“我们都希望得到支持，但朋友不该是那些只会给你吃巧克力蛋糕的人，有时他们应该敢于督促你节食减肥。在你喋喋不休地抱怨自己的配偶或者上司时，他们并不总是站在你这边。有时候，他们爱你爱到会坦白地告诉你，你才是需要成长的那个人。”

古人常说“诤友”，而“诤友”就是指那些常常向自己“泼冷水”的朋友。

伟大的朋友，不是一味偏袒你的人，而是一个敢于修正你，敢于直言告诉你“你错了”的人。三国时期吴国的徐原，一看到好友吕岱有过失就直言批评，因而被吕岱引为“诤友”。当徐原去世时，吕岱痛哭流涕，因为他知道“诤友”的可贵。

没有人喜欢被“泼冷水”，因为当收到“一盆冷水”的时候，会觉得没有面子，会觉得很不舒服。但不被“泼冷水”，人怎么可能醒悟呢？不接受“冷水”，结局往往是悲剧。

周宇脑瓜特灵光，赚了不少钱，但好喝酒。好友知道周宇有高血压，不能喝酒，就时常劝他戒骄戒躁，不要与好喝酒的狐朋狗友来往。但周宇阳奉阴违，还是时常和酒肉朋友聚会狂欢。好友几番劝告无果，只得放弃。而最终，周宇因为饮酒突发了脑溢血。

一味偏袒你、溺爱你的朋友不一定是你的真朋友，那些明知你有缺点而不告诉你，甚至“鼓励赞扬”你的人，更有可能别有居心。敢于向你“泼冷水”的“诤友”才是最有价值的朋友。“诤友”总是会在你被热情、荣誉、美名、成就等烧得头脑发热时对你泼一盆“冷水”，以便让你清醒头脑、振奋精神。

别人都不看好你，你才有机会是“黑马”

获得一份成功，出人意料是不是比意料之中更让自己惊喜？是不是更能让人羡慕呢？体育比赛中，“黑马”比“种子选手”中的冠军更让人尊重。

我们经常用“黑马”这个词来形容出乎意料的赢家。“黑马”之所以“黑”，其成功之所以出乎意料，就是因为之前它不被看好，但它最终却做出了令人瞠目结舌的成绩，证明了自己的能力。

每个人都希望演绎出辉煌的成就，成为有个性的自我，都希望自己的风度学识、动人的歌喉或是翩翩起舞的身影能得到别人的认可和掌声，但是在实现这一切之前，你很可能会受到他人的讥讽和嘲笑。他人怀疑你的梦想，怀疑你无法完美地完成手头的工作，越是在这样的时刻，越说明你“证明自己的时候到了”。

麦克阿瑟在西点军校考试的前夜，感到非常焦虑，非常害怕自己会落榜。

这时，他的母亲走过来，说：“我的儿子，你必须相信你自己，为自己鼓掌。只要抛弃了内心的怯懦，给自己一份信心，你就一定能赢。尽管你没有把握成为第一，但你要有充分的信心。即使最后没有通过，但你知道自己已经全力以赴了，没有留下遗憾。记住，儿子，没人给你鼓励，就自己给自己鼓掌；没有人相信你的时候，也正是你证明自己的时候。”

母亲的话给了麦克阿瑟极大的鼓励与支持，第二天，他满怀信心地走进考场。后来，西点军校的考试成绩公布了，麦克阿瑟名列第一。

这次之后，麦克阿瑟牢牢记住了母亲的话，“没有人相信你的时候，也正是你证明自己的时候”。凭着这种自信，麦克阿瑟取得了一次又一次的胜利，成为美国历史上著名的将军。

生活中，很多人不看好我们，并不是因为他们真正地了解我们的能力，而是通过我们的教育背景、社会地位、经济状况等来判断的，这种判断往往是不正确的。我们没有必要把他人的眼光看得太重。对自己的生活，只要自己不失掉信心就好了。拿破仑说过：“一个人应养成信赖自己的好习惯，即使再危急，也要相信自己的勇气与毅力。”

有人说：“所谓机会，就是别人不看好你的时候你去做了；所谓抓住机会，就是做好自己的事，走好自己的路。”奋斗的过程当中，大多数人只能在镁光灯的背后呢喃或独白，没有人来关注，没有人会在意，没有人会给予我们簇拥的鲜花和热烈的掌声——这正是我们默默付出的最佳时机。

19 世纪末，出生于京剧世家的梅兰芳从小喜爱京剧，8 岁的时候，他向家里提出请求：要拜京剧大师学艺。对梅兰芳的这一请求，家里人自然是答应的，于是就开始给他物色老师。梅兰芳要学的是旦角，男孩子学旦角，唱、念、做、打，都要模仿女性。刚学的时候，梅兰芳入门很慢，一出戏，师傅往往要教他很长时间，他却还没有学会。耐不住性子的师傅终于有一次找到梅兰芳的父亲说："这孩子不行，不是块唱戏的材料。"

父亲将师傅的话告诉了梅兰芳。梅兰芳听后，非常难受，但是他并没有气馁，他知道越是这个时候，越是要证明自己。这股子倔强上来，梅兰芳下定决心要学会唱戏。没人教，他就自己学。他用心思考，反复练习。一段唱词，别人练几遍就不练了，他总要坚持练二三十遍。经过刻苦练习，梅兰芳终于练出了圆润甜美的嗓音。

梅兰芳的眼睛没有神，京剧师傅对他的父亲说："这孩子的眼睛是'金鱼眼'。"梅兰芳知道自己的眼珠并不灵活，便养了几只鸽子，每当鸽子飞起的时候，他就紧紧盯着飞翔的鸽子，锻炼自己眼睛的灵活性。他还经常注视水中游动的鱼儿。渐渐地，他的双眼越来越有神。日子一长，人们都说，梅兰芳的眼睛会说话了。

就是在这么刻苦的练习下，梅兰芳由当初的"不是唱戏的材料"，终于唱成了名角，最后他还成了独创一派的宗师。

有些时候，别人总会用他们眼中的"事实"来证明我们的选择是错误的，劝告我们不要继续自己的梦想。这时，我们应该按照他们所说的去做吗？如果他们给我们指出的缺点是对的，那么我们就改正缺点；如果他们的目的就是为了让我们放弃，那么，我们就一定要证明自己，因为这是求之不得的机会。如果他们都提前肯定了我们，我们就没有奋斗的必要了。

每个人都是一只水晶球，晶莹闪烁，然而一旦受到他人的非议——"你不够闪烁，你不够漂亮！"有的人或许就会让自己消失在黑夜中。但是，欣赏和肯定自己的人不会因此而放弃光芒，而是抓住机会，将世界五颜六色的光折射到自己生命的各个角落。他们会坦然面对一切，因为心美丽，生活也必将焕然一新。

人生没有否定，比没有肯定更可怕

只有那些不断修正、不断重新发现自己的人，才能够成为真正的强者。而否定恰恰能让我们找到正确的方向，不断修正自我。

成长处在众人目光的注视中，一举一动都有人在关注，从小到大都被鲜花和掌声包围着，这样的人很容易走向两个极端：一是被盛赞带来的压力拖垮，还有一种则是被赞美和鲜花陶醉得骄纵无比，最终一败涂地。

16岁的印度美少女辛吉妮·塞古塔喜欢歌舞，还演过电影。一次电视歌舞比赛中，当骄傲得意的辛吉妮表演完毕，一位“毒舌评委”毫不客气地批评她：“你今天的表演非常差劲！根本就没法儿看。”

结果，一直被表扬、从来没有受到过打击的辛吉妮白眼一翻，当场昏倒在地。不久，她的情况变得更糟，先是失去了语言能力，接着连四肢也无法动弹，她仿佛得了失忆症，什么都不记得了。

在别人的肯定中，我们当然可以受到鼓舞，但是，只有肯定，没有否定，很容易让我们走上自负忘我的道路。被否定固然是一件痛苦的事情，在别人的否定中，有些人会就此沉沦，有些人则会选择坚守。选择沉沦的人，很可能就此平庸下去；而选择接受否定、坚持自我的人，则会在否定中锻炼意志，找寻到属于自己的成长路径。

美国大学生马丁·库帕毕业后找不到工作。走投无路之时，身为无线电爱好者的库帕想到自己的偶像——无线电界的矛采人士乔治。库帕想，如果乔治能接纳自己，那自己一定能学到很多东西，日后也能取得像乔治一样大的成就。

但是，当库帕表明自己愿意不求待遇给正在研究无线电话的乔治当助手时，乔治却粗暴地打断了他的话，并用不屑的眼神看着库帕，问："请问你是哪一年毕业的？干无线电多长时间了？"当得知库帕刚毕业，还很幼稚时，乔治再一次打断了他，下了逐客令。

1973 年的一天，一名男子站在纽约街头，拿着一个约有两块砖头大的无线电话。这名男子就是马丁·库帕——手机的发明者。他告诉乔治："我正在用一部便携式无线电话跟您通话。"乔治怎么也没有想到，当年被自己拒之门外的青年真的在自己之前研究出了移动电话。

后来，有人采访库帕，问他："如果当时您被乔治收留，您肯定会协助乔治完成手机的研制，而这一功劳也肯定会是乔治的，是不是？"

马丁·库帕回答说："不，如果当时乔治收留了我，我成了乔治的助手，我们也许永远也研制不出现在的手机来。正因为他拒绝了我，掐断了让我想向他学习的念头，所以我才重新开辟出了一条研制手机的道路，并且成功了。那条道路的名字就叫'屈辱'。我将乔治对我的污辱化成了前进的动力。如果没有这种动力，就是我跟乔治联手，也不一定能完成这项研制工作。"

有一句名言是这样说的："没有否定，就没有进步。"人生本来就是一个不断寻找自我的过程。很多人在年轻的时候都拥有很美好的理想，但因为种种原因，总有人不断掉队、迷失。看看那些生活中不被肯定的人吧，没有人对他们有过高的要求，所以能够给他们带来一个相对宽松的环境。舒尔茨曾被认为是一个无可救药的失败者，几乎所有人都否定他的前途，因此，他默默地拿起了画笔，最终成为了一个伟大的漫画家。

否定，是压力，也是动力。有些人确实会在否定中沉沦下去，但否定也能让坚持自我的人更加清醒。其实成功就像是把一块石膏做成雕塑，需要不断地修正，才能最终得到你想要的形状。无论是他人的否定还是自我否定，都是修正的一股动力。

人生有一条道路叫“屈辱”，有一种力量来自否定。每一个成功者都曾在黑夜里经受过煎熬。他们被拒绝、被轻视、被侮辱、被排挤，一次又一次，仿佛人生永远没有光明。然而，现在我们去回放他们的一生时，却发现了拒绝的另一种力量。

1954年，“乡村大剧院”旗下的一名歌手首次演出之后就被开除了。临走前，剧院老板吉米·丹尼对那名倒霉的歌手说道：“小子，你哪儿也别去了，回家开卡车吧。”这名歌手名叫艾尔维斯·普雷斯利，绰号“猫王”。

“你做不了这种工作”、“你的能力实在太差”。当我们的耳边出现类似这样的话语时，不应该就此放弃，而应当想想，否定其实并非坏事，而后用超常人的努力去奋斗，终会取得自己事业的一片天地。俗话说：“良药苦利于病，忠言逆耳利于行。”否定，就是良药，就是忠言，利于我们治愈成功路上焦躁的病痛，利于我们走得更远，利于我们实现梦想。

把别人的不良刺激，化为进取的动力

别人瞧不起你，千万不要因为自己的不足而悲观，要发现自己不如他人的地方，当一个人将来自外界的不良刺激化为奋发进取的动力时，他就会获得巨大的成功能量。

当我们在社会上劳碌奔波时，总会碰到一些让自己伤心愤怒的事：被人刁难，遭人白眼……那么受到刺激后该怎么办呢？生气无济于事，反击徒留笑柄。最好的办法就是化刺激为动力，不断学习进取。当你本事练成了，底气夯足了，那时谁又敢再轻视你？只有这样，你才算争回一口气。

吴士宏曾是IBM（中国）公司的总经理。吴士宏原本是一家医院的护士。1985年，她决定改行，于是就到IBM去应聘。幸运的是，她被录取了，她成了这家世界著名企业的一名普通员工，她扮演的不是白领，而是卑微的角色，主要工作是泡茶倒水，打扫卫生，用她自己的话说："完全是脑袋以下的肢体劳动。"她为此感到很自卑，她把可以触摸传真机作为一种奢望，她所感到的安慰就是自己能够在一个可以解决温饱问题而又安全的地方做事。可是作为一名服务人员，这种心理平衡很快就被打破了。

一天，吴士宏买办公室用品回来，门卫把她拦在大门口，故意要检查外企工作证。她没有外企工作证，于是在大门口僵持了一会儿，进进出出的人个个都投来异样的目光。作为一位女性，她的内心充满了屈辱，可是她知道得到这份工作不容易，她没有发泄出来，但她内心却咬着牙齿在说：

“我不能这样下去！”

吴士宏发誓：有朝一日，我要去管公司里的所有人！

甘愿自卑，就只能沉沦下去；不肯自卑，就会产生无穷的推动力。吴士宏每天除了工作就是学习，寻找着自己的最佳出路。最终，与她一起进IBM的人中，她第一个做了业务代表；她成为第一批本土的经理；成为第一批赴美国本部进行战略研究的人；她第一个成为IBM华南地区总经理——也就是人们常说的“南天王”……

最后吴士宏还登上了IBM（中国）公司总经理的宝座。

外界的刺激是一把双刃剑：可以令你沉沦，也可以催你奋进。所以，受到刺激后，不要总为此而愤愤不平，而是要想一想怎样做才能使自己同那些精英一样受人尊敬！越王勾践就是这么做的。

勾践被夫差打败后，不仅丢了王位，还沦为夫差的仆人，夫差经常让勾践做一些很低贱的事情，借此羞辱他，但是勾践表面似乎并不在意，一直默默忍受着。有一次夫差生病，勾践为了麻痹夫差，竟主动要求亲口尝夫差所拉的粪便。此举让夫差既惊讶，又感动。勾践正是这样忍辱负重，牺牲自己的尊严，让夫差放松了戒备之心。他经过“十年生聚，十年教训”的艰难奋斗和悉心准备，一举灭掉吴国，成为春秋时期的最后一位霸主。

遭受他人辱骂、挖苦和瞧不起等不良刺激，肯定是自己有不足的地方，因为遭遇一次羞辱、责骂让自己明白自身的不足，然后奋发图强，积蓄能量，做出常人不能做到的事情，那么这些刺激也就没有白白忍受。

童第周是我国著名的生物学家。他出生在浙江省鄞县的一个偏僻的山村里，因为家境不算富裕，小时候一边跟父亲念书，一边参加农业劳动，直到 17 岁才到学校读书。

他 18 岁那年进入一所教会中学，由于基础差，他学习十分吃力，第一学期他总均才考了 45 分。学校令其退学或留级，他向校长请求跟班试读一学期。学校勉强同意后，他便以惊人的毅力攻克难关。早晨天不亮，他就悄悄起来，在路灯下读外语；夜里熄灯了，他仍然靠着路灯自修功课。就这样，第二学期他终于赶上来了，总均达到 70 多分，几何还考了 100 分。这件事对童第周的鼓舞很大，他在晚年回忆道："我第一次取得 100 分。那件事使我知道：别人能办到的事，我经过努力也能办得到。世界上没有天才，天才是用劳动换来的。"进入大学后，他学习更勤奋，基础越来越扎实。最后以优异成绩毕业。

为了继续深造，童第周在亲友的帮助下，28 岁时到比利时留学。他在国外学习期间，刻苦钻研，得到了老师的好评。有一次，他的老师布拉舍教授要做一个剥除青蛙卵膜的手术。这种手术很难做，布拉舍搞了好几年都没有搞成，童第周却不声不响地搞成了。这一下震动了他的欧洲同行。布拉舍高兴地说："童这个小子真行！"这件事给了童第周极大的鼓舞，他说："这件事使我相信：中国人不比外国人笨。外国人认为很难办到的事，我们照样能办到。"

所以，不要痛恨打击你的人，也不要仇视轻视你的人，因为对于一个内心强大，肯为自己奋斗的人来说，外界的打击会成为成功的力量，能让自己活出一个不平凡的人生。

感谢非议，让你走好自己的路

照他人期望的模式生活，牺牲真正的自我，是天底下最愚蠢的事。你要记住：最后为你的一生“付账”的只能是你自己，何必太在意他人的看法，让他人来左右你的人生。

阿利盖利·但丁的《神曲》中有一句名言：“走自己的路，让别人说去吧。”这句话常用在不被人理解时自我心态的调节，的确是这样，一味地在意别人的态度，会使自己失去原有的工作和生活准则，让自己陷入不必要的痛苦和烦恼之中。

在一个炎热的日子里，爷爷带着孙子和一头驴走过满是灰尘的街道。爷爷骑着驴，孙子牵着它走。“可怜的孩子，”一位路人说道，“这个人怎能心安理得地骑在马背上？”爷爷把这人说的话记在心上，他从驴背上下来让他孙子骑上去。但没走多远，一位路人的声音又在耳边响起：“多么不孝啊！这小家伙像国王一样骑在上面，而他可怜的爷爷却在后面跟着跑。”这句话显然伤害了小孩，他要爷爷坐在他的后面。“你们谁见过这样的事，”一位戴着面纱的女人说道，“这是驴又不是马，两个人还一起坐在驴背上。这可怜的驴子的背正在下陷！”不用说，被批评的对象只好从驴背上爬下来。但是，当他们徒步走了几步后，一个陌生人对他们开玩笑地说：“谢天谢地，我才不会那么蠢，为什么你们俩赶着驴走，它却不能为你们效劳？为什么不让你们当中的一个骑着走？”爷爷抓了把草塞进驴子的嘴里，把手放在孙子的肩上说道："不管我们怎么做，总有人不称心，我想我们自己应该知道什么才是对的。"

这个故事告诉我们，走自己的路，不要理会别人怎么说。因为即使对同一件事，也是智者看智，愚者看愚，不管你怎么做，总会有人反对，有人支持。保持本色，你才活得轻松，自在。

世上多数人因太过在意世人的批评，而受亲朋好友等的影响，无法过自己想要的生活，一辈子都在扮演"别人希望的角色"。

人不可能是完美的，即使你做得再好，也无法达到每个人的要求。人生充满艰难险阻，能在困顿中学会良好的适应之道，便能迈向成功。

"人在风中走，难免身着沙"。一个人处在一个群体中，不可能不被议论。我们既是别人的谈论话题，也是谈论他人的一员，因为你的生活范围决定了你行为和结果的内容。

每个人的命运都掌握在自己手里。只有坚定心中的信念，确立人生的远大目标，积极进取，努力奋斗，不因外界的影响而改变，才会取得成功。

不要让别人的话左右自己的人生。如果让它们渗入你的身体，折磨你的神经，腐蚀你的信心，那你真是太傻了。老子云："不与之争之争，故天下莫能与之争。"只要做好自己的事便问心无愧。

如果没有做错事情，你就不必担心别人怎么想。挺起胸膛，让众人的挑剔成为激进你的力量。"时间能证明一切"。让你日后的行为为你证明吧，行动胜于一切语言的表白，时间会让你的形象比以前更加高大，更加坚实。

有时候，人需要执着和一点儿固执。要相信自己，任何人的成功都会伴随着一些坎坷，凡是有所成就的人，他一定在某些方面有所失，而他的行为也常常不被众人所理解。行走在通往成功的道路上，你会发现，当你取得成绩时，不了解你的人，不会在意你的努力。这时你不用着急，成功人士经常被赞美的地方，往往是在他成功之前最受攻击的地方。例如你思维独特，在成功之前被认为是异想天开，甚至说你精神不正常；在你成功之后呢，则被认为是奇思妙想，甚至说你是天才。要想人人都理解你，是根本不可能的。你要做的是，不去理会，用实力改变他们的想法。

伽利略否认亚里士多德的理论，在当时人们看来是极为荒谬可笑的，他们一直认为亚里士多德的理论就是真理。可伽利略却执着地认为亚里士多德错了，并且用事实证明了自己的正确。他的成功在于他的坚持，没有让外界的言行干扰了自己的决定。在生活中我们也要如此，既然知道自己是正确的，就没必要再有顾虑。不管别人如何评价，要相信事实胜于雄辩。

一个人不能脱离群体而独立存在，那就想办法与周围的人融洽相处，最重要的是真诚。当同事工作中有困难时，你应该在自己能力范围内及时予以帮助。如果你置之不理，冷眼旁观，甚至落井下石，那样你们之间的关系永远是冷漠的；当他们遇到问题需要询问你的意见时，用你的所知所懂告诉他们，即使说的不好或并不适用，他们也会被你感动。

有人会说："我为什么要这样忍辱负重，那样一点个性都没有。即使我这样，他们还是会议论我怎么办？"你应该让宽容的心包容一切。你是他们的同事，除了睡觉你每天的大半时间都是跟他们在一起。如果不与他们处好关系，整天郁闷不堪，那意味着你失去了一天中获得快乐与满足的大部分时间。在办公室里，如果同事们都寡言少语地对待你，你的工作热情和信心一定会受到影响。

所以，当有人在背后议论你时，你最应该做的就是调整自己的心态，静下心来想一想，是否自己也有做的不妥的地方，发现后迅速改正，让所有的议论声在时间面前消失。客观理智地对待他人的背后议论有助于树立自己的好形象，有助于事业的成功。

第二章 只要自己不认输，任何遭遇都是正能量

遭遇嘲笑，被人看轻，遭受侮辱……是在不服气中反击，还是默默地接受，这决定着你人生的成败。人，只有拿出不认输的精神，才能将遭遇的负能量转化为获得成功的正能量。人，只要有不认输的精神，就不会惧任何打击。因为对于不服输的人来说，任何遭遇都是正能量。

不要看轻自己，丑小鸭也会变成白天鹅

不管什么时候，自信对人生都是最重要的。我们在应对各种挑战时，更需要自信，因为它是我们克服困难、取得胜利的法宝。

相信自己，活出自我，看到自身的优势，坚信自己同样能够成功。即使你现在还是一只“丑小鸭”，也不要放弃，因为每个人都是独一无二的，都有自己最优秀、别人不可替代的一面，都是上帝给予这个世界的一道美丽的风景。

做自己，相信自己的力量，自信满满地应对各种挑战，每个人都可以是美丽的天鹅。

舒文波虽然在一家大公司工作，收入不错，但却常常苦恼自己的学历比较低，能力似乎也没有别人强。但这次出差到德国，在慕尼黑街头看到的一个表演吹气球的小丑改变了他的看法。

那个小丑的双手非常灵巧，气球在他手上，转眼间就能扭出各种的花样来，可爱的小动物送给周围的孩子们，美丽的花朵送给金发美女。小丑精湛的技艺惹来一群人围着他。小丑又是唱歌又是跳舞，做出各种滑稽的动作，引得围观的人哈哈大笑。

舒文波觉得小丑真是快乐，就很想和他聊几句。等表演结束，小丑坐到路旁休息，天气有点热，就把头上的小丑帽子摘了下来。舒文波这才发现小丑是一个中年人，头发脱落，脸上坑坑洼洼的，非常丑陋。

小丑对他说：“我小时候出水痘很严重，就留下了难看的疤痕。我曾

经因此自暴自弃过，也很自卑，但是爸爸鼓励我说：如果你觉得特别不想把自己的脸给别人看，可以找一份不让别人看见你脸的工作啊。我从小喜欢表演，就找到了这份街头小丑的工作，每天给来到我们这个城市的游客送上快乐，我自己也因此自信起来快乐起来。”

小丑能够从自卑中走出来，发现自己的长处，做自己喜欢的事，因此找到了自信。其实我们身上都有别人替代不了的东西，这些东西应该成为我们自信的源泉。“我学历不高，但我吃苦耐劳，我口才不好，但我善解人意，我相貌平平，但我待人真诚……”不管从事什么工作，不论处在怎样的环境下，都去寻找自己最美好的一面，你就可以拥有美好的心情和生命的欢乐。

这是一个人人都渴望成功的世界，可是真正的成功不是模仿别人，效仿别人，而是做自己，认识自己，相信自己。

受到自身条件的限制，比如相貌、职业环境等，有的人不相信自己，对自身不满意，从积极的方面说，这绝非都是坏事，正是这些限制可以成为激励我们上进的力量，让我们不断挖掘自身的潜力，带我们突破这些限制。

自信是一种无形的力量，是突破自我、促进自己前进的推动力。要想拥有更美好的职场前途，就一定要走出自信的步伐。但自信并非盲目自大，那样的“自信”只不过是一个吹起来的气球。真正的自信建立在认识自我、熟识对方的基础之上。

以培养杰出推销员而著称于世的美国布鲁斯学会，每当学员毕业时，都会设计一道最能体现推销员能力的题目，让学员去完成。在克林顿当政期间，他们出了这么一个题目：请把一条三角裤推销给现任总统。8年间，有无数个学员为此绞尽脑汁，但最后都无功而返。在小布什总统任职时，布鲁斯学会把题目换成：请把一把斧子推销给现任总统。

许多人觉得这又是一个无法完成的任务，只有一名叫乔治·赫伯特的学员迎难而上。他给布什总统写了一封信。他说：“有一次我有幸参观您的农场，发现地里长着许多矢菊树，有的已经死掉，您一定需要一把斧头去砍掉它们。现在我这儿正好有一把我祖父留给我的斧头，很适合您的体力去砍伐枯树，假如您有兴趣的话，请按这封信的地址给我汇15美元来。”他获得了成功，总统给他汇来了15美元。

人们问他为什么敢于去做，他说：“我了解到总统和他的农场的情况，所以我有这个信心。”

乔治·赫伯特的信不能说水平有多么高，技巧不能说有多么妙，能力也不能说是布鲁斯学会最好的，他成功的最主要因素就是充满自信，利用总统对自己农场的热爱抓住了总统的需求，最后进行推销。没有自信，就没有干事的魄力，你看见的道路上都是困难；有了自信，虽然你前面的道路充满荆棘，你也一定会想办法除掉它们。

地位低下时，正好激励你选择成功

地位虽然是一种偏见，但它有高低之分却是一种现实。或许我们可以这样说：成功和你的地位底无关。

古往今来，不论是国内还是国外都有很多在较低地位中崛起的有志青年，他们都生长在地位较低的家境中，但他们又都是不屈服于贫困的，经过自己的顽强拼搏，最后他们不仅提升了自己，而且，还被当成楷模而永远被人铭记。

安徒生是大家众所周知的童话作家，他的童话深受全世界人民的喜欢，他曾经这样描叙自己的一生："当我还在摇篮里呀呀学语时，地位就露出了它狰狞的面孔。我深深体会到，当我向母亲要一片面包而她手中什么也没有时是什么滋味。我承认我家确实穷，但我不甘心。我一定要改变这种状况，我不会像父母那样生活。这个念头无时无刻不缠绕在我心头。可以说，我一生所有的成就都要归结于我这颗不甘为人下的心。我要到外面的世界去。在10岁那年我离开了家。当了11年的学徒工，每年可以接受一个月的学校教育。最后，在11年的艰辛工作之后，我得到了一头牛和6只绵羊作为报酬。我把它们换成钱。从出生到21岁那年为止，我从来没有在娱乐上花过一分钱，每分钱都是经过精心计算的。我完全知道拖着疲惫的脚步在漫无尽头的盘山路上行走是什么样的痛苦感觉，我不得不请求我的同伴们丢下我先走……在我21岁生日之后的第一个月，我带着一队人马进入了人迹罕至的大森林里，去采伐那里的大圆木。每天，我都是在天际第一抹曙光出现之前起床，然后就一直辛勤地工作到天黑后星星探出头来为止。在一个月夜以继日的辛劳努力之后，我获得了6美元作为报酬，当时在我看来，这可真是一个大数目。每个美元在我眼里都跟今天晚上那又大又圆、银光四溢的月亮一样。"

于是，他像对待黄金一样紧紧地抓住零星的时间，不让一分一秒无所作为地从指缝间溜走，他抓住每分钟去读书，去寻找可以改变命运的机会。他学过皮匠手艺，学过画，他风尘仆仆地经过了波士顿。

就像一心朝圣的信徒，安徒生把自己逼到了一条通往圣地的道路上。那条路上，有手执长矛的堂吉诃德，有卡夫卡笔下那孤高幽闭的"饥饿艺术家"。最后，他终于脱颖而出，赢得了全世界的认可，同时，也彻底升华了自己。

在穷途困境中，安徒生下定决心，一定要改变境况，决不接受不平等的地位。一切都在变，只有他那颗渴望改变地位的心没变。他不让任何一个发展自我、提升自我的机会溜走。

安徒生生于贫困之中，然而他又是富有的。他惟一的最大的财富就是他那颗不甘人下的心，也正是这颗心把他推上显赫地位。

张晓晓和李佳佳是邻居。这一年，张晓晓大学毕业，李佳佳高考落榜，于是，两个人结伴到北京打工。

张晓晓大学毕业，学的是酒店管理，所以，她对未来充满期待。在去北京的列车上，张晓晓对李佳佳说："我一定要到三星以上的酒店去做个主管。"

"姐，你当了主管，我就去你店里做服务员，我一定听你的话，做一个最好的服务员。"李佳佳说。

很少有人知道，这对漂亮的女孩，一个是大学生而另一个是刚刚高中毕业。

来到北京，两个人同租了一间房，她们和所有的打工者一样，开始投简历、应聘，不停地找工作。两个人往同一家酒店投简历，到同一家酒店应聘，不同的是，张晓晓应聘的是主管，而李佳佳应聘的是服务员。

很快，有好几家酒店通知李佳佳前去上班，而张晓晓的应聘却没有回信。

"你去上班吧。"张晓晓说。

"姐，我不去，我一定要在你管理的酒店上班。"李佳佳说。

"你先去上班，等姐找好了，你再来找姐。"张晓晓说。

于是，李佳佳去上班了。很快她也搬离了出租房，在公司宿舍住了。

为了找到自己理想的工作，张晓晓继续穿梭在京城的大街小巷，不断地投简历、应聘。可遗憾的是，3 个月过去了，张晓晓也没找到一份主管的工作。

"姐，要不你也来做服务员吧，待遇蛮好的，老板人也蛮好的。"一天，李佳佳打电话劝张晓晓说。

"我再找找吧。"张晓晓说。在张晓晓看来，酒店服务员不是自己做的工作，自己好歹也是个大学生，是个有文凭的，绝不能去做服务员。

就这样，张晓晓主管的工作找不到，服务员的工作又不想做，迫于生计，张晓晓决定改行，在一家公司找到了一份文员的工作。但是，不久后，由于专业不对口，她又辞掉了文员的工作，开始寻找新的工作。

时间过得很快，转眼两年过去了。在这两年里，张晓晓做过编辑，做过秘书，做过销售经理，这些在她看来比较体面的工作，可最终都因为专业不对口而丢掉工作。两年里，她总在不停地换工作，可是，李佳佳在那家酒店已经做到主管的位置了。

“妹，借点钱吧，老板又在催房租了，等我上班了拿到工资就给你。”这天，张晓晓打电话给李佳佳。

“行，姐，你来我们酒店吧，先做3个月的服务员，之后我让你试着做领班。”李佳佳说。

于是，在北京某大酒店里，酒店主管在为一个新来服务员分配工作。可是很少有人知道，这是一个高中学历的主管在指导一个酒店管理专业毕业的大学生。

张晓晓和李佳佳命运的不同，向我们说明了一个简单的道理：一个人的成功的和起点无关，只要你争气，就能够做到人生崛起。

对于整个人类来说，地位只是一种状态，它永远不可能成为一种结果。因为人类决不会永远安守地位，总是同它做不屈不挠的斗争，所以对整个人类来说，地位只是一个动态的、不断被改变着的过程。但具体到某一个人的身上，则可能是一种结果。对于个人来说，有可能安于现状，不思进取，屈辱地度过一生。人生有许多东西，你不得不承认它，但接受不接受则又是另外一回事。只要你拥有一颗上进的、想摆脱贫困的心，并且为之不懈地努力，不平等的地位将离你而去。

不认输的人，才能把“冷板凳”坐热

“冷板凳”是对你的历练，一个人想要获得成功，就应该不怕坐“冷板凳”，哪怕受点委屈，经受一些挫折，也不要放弃自己。

古往今来，人们常用坐“冷板凳”来形容一个人受到轻视，不被人待见。坐“冷板凳”，从某种意义上来讲也是被人瞧不起的一种表现。但我们不要抱怨给你坐“冷板凳”的那些人，因为把“冷板凳”坐热，是每个人都应该学会的本领。大哲学家尼采在一首诗中写道：“有一天有许多话要说的人，常默然地把许多话藏在内心；有一天要点燃闪电火花的人，必须长期做天上的云。”一个人的能力再强，都必须从最基础的点滴工作做起。没有学会 26 个英文字母就拼不出完整的单词，更不用说流利地读写句子；数不清楚 10 个阿拉伯数字就无法做简单的运算，更不用说解决有难度的函数、几何题目。工作中也是一样，没有掌握基础工作岗位的职责，就算是给你董事长的位置，你也依然管不好公司。

宝剑锋自磨砺出，梅花香自苦寒来。你要是一个不服输的人，就一定会自我反省，积极改变自己，从而改变自己的人生。

杨云风大学毕业，去了一家房地产公司做销售，但是他觉得销售工作既枯燥又看不到成绩，于是，干了不到半年就辞职了。一连好几年，杨云风辗转反复换了好几份工作，都是做了一段时间就辞职了。

最后，他终于找到了一份在一家设计公司做居室设计的工作。专业出身的杨云风展开拳脚，干得热火朝天，不久也成功地升职加薪了。有时候，上司还会当着公司同事的面肯定杨云风的想法。但是杨云风还是感觉自己受了冷落。因为有时候即使他的策划上司觉得很好，但也得不到实施。转眼到了2013年，他又有了辞职的念头。

2013年春节，杨云风回老家看姥爷，心里琢磨着等春节过完就去公司递辞职信另谋发展。

回到家里，他看到年迈的姥爷竟然在看养殖方面的书。杨云风好奇地询问姥爷。姥爷告诉他，最近这段时间村子渔场里的鱼老是死亡，给那些养殖户造成了很大损失，请了县里的专家来看都没有解决问题。他作为“养鱼专业户”，又当过村支书，想给大家想想办法。

“这些事情不是该现任的村支书去操心吗？你还管这个干嘛？”杨云风不解地问道。

姥爷打断了他的话：“我曾经做过这份工作，现在不能因为不在这个岗位上而不管不问。”

杨云风却说：“现在做个事情真难，没见过你这样把事情往自己身上揽的。”说着说着，就抱怨起了自己在工作上的不顺心。

姥爷毫不客气地说：“那是因为你工作不够踏实，心情太浮躁了。你要学会把‘冷板凳’坐热。”

他对姥爷的说法十分不屑，反驳道：“这世道，还没等你坐热板凳，你就被人给炒鱿鱼了。”

姥爷没再说什么，只是专心看着自己的书。一连几天，都是如此。

等到杨云风要回城上班的那天，村支书和一帮村民带着烟酒来到家里：“老支书，真的是谢谢您，要不是您找到了影响鱼存活的原因是饲料，我们还会一直蒙受损失呢。就连那些农业大学毕业的年轻专家都不顶事。还得您这位老将出马呀！这次来，乡亲们请您做他们的养鱼顾问……”

“好说好说，乡亲们没有好高骛远心气高的人，都知道该从小事做起、打好基础，不像有些人不知道好好磨练自己呢！”姥爷对着村支书说着话，眼睛却看着杨云风。

乡亲们听了，都哈哈大笑。

杨云风思量着姥爷的话。回到公司后，他不再抱怨，也不再刻意出风头，一心一意地在自己的岗位上工作着。几个月后，他帮助公司做成了一笔大单，上司对他刮目相看，将出国学习的机会给了他。

诸葛亮说："非淡泊无以明志，非宁静无以致远。"只有把心静下来了，在被别人冷落了之后依然不忘记自我反省的人，才能认识到自己的不足，在挫折中奋进向前，哪怕吃点苦，受点委屈，最后也一定能够苦尽甘来。

其实在受到轻视的时候，最关键的是能保持好心态，能坚持去把事情做出色。很多人在刚刚坐上"冷板凳"的时候还能坚持一段时间，但是时间一长，就放弃了。这样的人，成功对于他们来说是遥遥无期的。能把"冷板凳"坐热，也是一种功夫，它能考验一个人多方面的素养。所以，能把"冷板凳"给你的人，是在历练你呢！

作为不服输的你，该如何把"冷板凳"坐热呢？

首先要想想，为什么坐"冷板凳"的人是你而不是别人？说明你肯定在某些方面做得不够好，所以，应该虚心地向比你优秀的人学习，找到自己的缺点，并且尽最大努力去改正。一个人坐"冷板凳"本来就会使周围的很多人疏离他，如果还一味地高傲或孤芳自赏的话，同伴会越来越少，最终只能自己孤独地把"冷板凳坐穿"。

大部分人遭到冷遇或是挫折，会有两种反应：要么抱怨他人，要么自暴自弃。这两种心态都不正确。前者让你在孤傲的道路上越走越远，后者是对自己不负责任。哪怕自己做的事情并不那么重要，哪怕自己做得再认真再努力别人都看不到，自己也要有"不抛弃，不放弃"的精神。事实上，即使是你坐上了"冷板凳"，还是有很多双眼睛盯着你。如果你做得不好，别人就会有更多正当的理由说你是因为敷衍的做事态度才会有今天坐"冷板凳"的下场。而如果你在坐"冷板凳"的时候还不忘提高自己的能力，把让你难堪的事情化为你做事的动力，只要你做出成绩，必然就会有人正眼看你，还可能会后悔以前没有看到你的出众。

有时候，成功并不像我们想象中的那么难，如果我们能在“冷板凳”上把目光放长远一些，不去理会他人对自己的态度，用行动来证明自己的能力，这样即使遭受轻视，我们依然能保持良好的心态，哪怕遭受挫折和困难，我们也能克服。把“冷板凳”当成自己成功的跳板吧！只要能从这上面站起来，一定有更美好的明天等着我们。

不管别人怎么看你，你一定要看得起自己

你永远不要企求全世界的人都会百分之百地赞美你，因为就连上帝都有人反对，不是吗？所以，别人看得起，不如自己看得起。只有充分认识自己的长处，才能保持奋发向上的劲头。

人生最大的缺失，莫过于别人还没有打击你，你就自己认输了。居里夫人曾经说过：“生活对于任何一个人都非易事。我们必须要有坚韧不拔的精神，最要紧的，还是我们自己要有信心。我们必须相信，我们对一件事情具有天赋的才能，并且无论付出什么代价，都要把这件事情完成。当事情结束的时候，你要能够问心无愧地说已经尽我所能了。一个人只要有自信，那么他就能成为他所希望成为的人。”

一位画家把自己的一幅佳作送到展览馆展出，他在旁边的铭牌上写上了这样一段话：“如果你认为这幅画有什么不到之出，请在画上做上记号。”

3天之后，画面上标满了记号，受到指责的地方居然有上百处。过了几天，这位画家又画了同样的一张画拿去展出，不过这次附言与上次不

同，他请观赏者将他们最为欣赏的妙笔都标上记号。当他3天后取回画时，看到画面又被涂满了记号，原先被指责的地方，很多人对其充满赞誉之词。

可以看出，同一件事，不同的人观点是不同的，张三说不好，李四可能认为是很好的。所以，不要看到一个人指责你、轻视你，你就觉得自己不行。就像这位画家，他不受他人的操纵，自信而不自满，善听意见却不被意见所左右，执着但不偏执。这才是自信者应有的心态。

有自信心的人，可以化渺小为伟大，化平庸为神奇。世界上每个人看事情的角度是不一样的，所以绝不要企求得到每一个人的赞扬。画家的事迹，就是很好的说明。如果画家在受到指责之后，沮丧不已，认为自己不行，他可能就此消沉下去，没有信心再继续从事美术创作了。

现实生活中，同样的事，同样的人，常常会遭受不同的待遇，产生不同的结果。仔细想想，这也并不奇怪，因为人世间每一个人的眼光各不相同，理解事物的角度也不一样。所以要运用正确的思维方式，不要完全相信你听到的、看到的一切，也不要因为他人的指责、鄙视而轻视自己，产生自卑感。

如果我们心里认定会失败，就永远不会成功。如果我们自信能够成功，成功的可能性就会大为增加。没有自信，没有目标，我们就会俯仰由人，一事无成。自信是成功的前提，在现实生活中，如果你让别人来指出你的缺点，相信你会得到很多不足；而让别人来指出你的优点，相信你也会得到很多赞扬。

如果你真的相信自己，并且深信自己一定能实现梦想，你就真的能够步入坦途，而别人也会更需要你。

有一次，一个年轻人去寻求美国著名成功学家拿破仑·希尔为他指点成功之道，他因为合伙人的破产而变得一无所有，以至于现在没有信心从事自己的事业。希尔听了他的经历后，要求他站到镜子前面，并且告诉他：

“你将看到这世上惟一能使你重获信心并且克服困境的人。”镜子里出现了年轻人憔悴的面容。

年轻人用手摸摸自己长满胡须的脸孔，对着镜子里的自己从头到脚打量了几分钟，似乎有所感悟，过一会儿便向拿破仑·希尔道谢后离去。

几个月后，当那个年轻人再度现身在拿破仑·希尔面前时，整个人已经焕然一新了，他从头到脚打扮一新，看起来信心十足的样子。他告诉希尔：“那一天我离开你的办公室时还只是一个流浪汉。我对着镜子找到了我的自信。现在我找到了一份薪水不错的工作，我确信自己从前的成功肯定还会降临。”

所以，无论你在实际生活中是多么的糟糕，也无论别人怎么看待你，这都不重要，关键是自己要看得起自己，不被他人的态度所左右，这样，才能将别人的打击化为正能量。

人们常常把自信比作发挥主观能动性的闸门，启动聪明才智的马达，这是很有道理的。确立自信心要正确评价自己，发现自己的长处，肯定自己的能力，自信不是孤芳自赏，夜郎自大；更不是得意忘形，毫无根据地自以为是和盲目乐观；而是激励自己奋发进取的一种心理素质，它代表一种高昂的斗志、充沛的干劲、迎接生活挑战的一种乐观情绪，是战胜自己、告别自卑、摆脱烦恼的一种灵丹妙药。

相信自己，就是要相信自己是有价值的。这种价值表现在自己能够为社会、为他人创造价值，而且社会、他人也认同自己为他们提供的产品和服务。只有相信自己的价值，才会把握住自己的个性，相信自己的价值具有独特性，而不会在乎别人怎么评价自己。如果你不信任自己、不尊重自己，自然就不能抱怨别人不信任你、不尊重你。

不要自认落后，永远要争坐第一排

在这个竞争激烈的世界上，想坐在头一排的人不少，真正能坐在前排的人却总不会很多。许多人所以不能坐到“前排”，就是因为他们把“坐在前排”仅仅当作一种人生理想。

当有人轻视你，认为你就是最弱小、最不堪一击的人时，你该怎么样面对这样的看法？是任人奚落还是奋力抗争呢？真正有大作为的人，任何时候都不会认输，他们的人生信条是“永远都要坐第一排”。“永远都要坐第一排”也是英国前首相玛格丽特·撒切尔夫人的座右铭，也是她取得巨大成就的关键。撒切尔夫人正是在她的学生时代，养成了这种“永远都要坐第一排”的人生态度。

玛格丽特出生在英国一个不出名的小镇里，虽然不是出自名门，但她自小就受到严格的家庭教育。

父亲经常对她说：“无论做什么事情都要力争一流，永远坐在别人前头，不能落后于人。即使坐公共汽车，你也要永远坐在前排。”另外，父亲从来不允许她说“我不能”或“太难了”之类的话，因为这样的话会让一个人彻底地输掉自己的人生。

对于年幼的玛格丽特来说，父亲的要求可能太高了，但她还是接受了父亲的观点。

在以后的学习、生活或工作中，她时时牢记父亲的教导，总是抱着一往无前的精神和必胜的信念，尽自己最大的努力克服一切困难，做好每一件事情，事事必争一流，以自己的行动实践着“永远坐在前排”的誓言。

玛格丽特在上大学时，学校要求学5年的拉丁文课程。她凭着自己顽强的毅力和拼搏精神，硬是在一年内全部学完了。

令人难以置信的是，她的考试成绩竟然每次都是第一。校长这样评价她：“她无疑是我们建校以来最优秀的学生，她总是雄心勃勃，每件事情都做得很出色。”

或许是有了“永远都要坐第一排”的不服输的精神，玛格丽特逐渐成长为一个有作为的人，涉足政坛以后，连续4年当选英国保守党领袖，并于1979年成为英国第一位女首相，雄踞政坛长达11年之久，被政界誉为“铁娘子”。

所以，别人的瞧不起，不会影响一个人的未来，只要自己不认输，你就会成功。一旦你从内心决定要得第一，那么你就会有更大的动力。你一定要学学理查·派迪和基安勒，相信自己是第一。一个连自己都不相信的人能指望别人相信吗？鼓舞你的人恰恰是你自己。

在赛车运动史上，赢得奖金最多的人是理查·派迪。当他第一次赛完车回来向他母亲报告赛车的结果时，那情景对他的成功影响很大。

“妈！”他冲进家门叫道，“有35辆车参加比赛，我跑第二。人们本来就不看好我，但是我赢了？”

“你输了！”他母亲回答道，“为什么活在别人的眼里呀？”

“但，妈！”他抗议道，“您不认为我第一次就跑个第二是很好的事吗？特别是这么多辆车参加比赛。”

“理查！”他母亲严厉道，“别人认为你不能获得第一，你就得获得第二吗？”

接下来的赛车生涯中，理查称霸赛车界。他的许多项纪录到今天还保持着，没被打破。他从未忘记他母亲的教诲：“理查，别人认为你不能获得第一，你就得获得第二吗？”

是的，“别人认为你不能获得第一，你就得获得第二吗？”关键是如果你内心决定要得第一，那么你就会有更大的动力。

在生活中你敢不敢说“我是第一”？回答这个问题并不困难。如果你是个渴望成功的人，并且意识到以个性为中心是成功的基础的人，请回答：“当然，我就是第一。”如果想保持一点谦虚的绅士风度，你也可以回答：“不是第一。”但要不失时机地补上一句，“是并列第一”。

为什么一定要是第一呢？因为你本来就是第一。至少，你要在意识中播种争第一的信心，这样，你的个性才会真正成熟起来。记住！生活需要个性。

知耻而后勇，丢脸是你最好的磨炼

人生在世总是处于一种保面子与丢面子的辩证运动过程中，丢面子从短期看可能对一个人来说不是一件好事，但从长远看，也并非是一件坏事，它会成为促使你发愤图强的内在动力。

丢脸的事谁也不想做，但由于生活的复杂性，在某些情况下，我们往往又不得不丢脸。

丢脸是不光彩的，也常常是不邀而至的。我们不可能在任何时候都能保证不丢脸，而且我们在一生中可能要丢许多次脸。因此，我们就需要对丢脸有一个正确的心态，即如何看待丢脸。

在不得已的时候，该丢脸时就丢脸，一时的丢脸，反而能激发我们洗心革面、奋发有为的雄心壮志；当处于尴尬之境时，唯有厚着脸皮坚忍而机智地应对，才能将面子的损失降到最低限度；当客观形式对自己不利时，唯有厚着脸皮才能为自己长脸；当面对别人的批评时，唯有本着有则改之、无则加勉的精神厚颜以待，才能促使我们自身的完善和进步。

丢脸对我们来说毕竟是一种损失，是我们不情愿的，所以我们要尽可能地避免丢脸。一旦丢脸，我们也要把丢脸的不良后果看得淡一些，而且要将丢脸看成是一种磨炼。

将丢脸视做一种磨炼，这包含两层意思：一是丢脸可以使人发现自己的弱点，改正自己的错误，取得更大进步，同时，它还可以催人发奋，令人图强，最终再将丢的脸找回来；二是丢脸的地方，就是你的弱项，意识到之后，就要在以后适当地回避，还要积极地去寻找出自己的闪光之处，不是只为了不丢脸，还要争取在自己的优势之处耕耘、努力，从而收获成绩。

西汉初年，北方的匈奴首领冒顿杀父自立为王，自立事业，大大地威慑了它的邻国东胡。为了限制匈奴的发展，东胡国不断挑衅，企图寻找借口灭掉匈奴。

匈奴人以强悍善骑著称。国中有一匹千里马，全身上下没有一根杂毛，皮毛油黑发亮如软缎。它为匈奴国立下过汗马功劳，能日行千里，被匈奴国视为国宝。东胡国知道后，便派使者到匈奴国去索要这匹宝马，匈奴群臣认为东胡国太无理，一致反对。足智多谋的冒顿一眼便看穿了东胡的企图，但他并没有表露出来，他心里明白，舍不得孩子套不着狼，于是，冒顿决定忍痛割爱来满足东胡国的要求。他告诉臣下："东胡之所以要我们的宝马，是因为与我们是友好国家。我们哪能因为区区一匹千里马而伤害与边邻的关系呢？这样太不合算了。"就这样，他把宝马拱手送给了东胡国。

冒顿虽然表面上不和东胡国作对，可他暗地里壮大实力，希望有朝一日将丢的面子找回来。

东胡国王得到千里马以后，便认为冒顿生性胆怯，因而就更加狂妄起来。他听说冒顿的妻子很漂亮，便起了邪念，派人去匈奴通告要纳冒顿的妻子为妃。

冒顿的妻子端庄贤淑，年轻貌美，深得民心。匈奴群臣一听东胡国王如此羞辱他们尊敬的王后，都气得摩拳擦掌，发誓要与东胡决一死战，冒顿更是气得牙齿咬得吱吱响，连自己的妻子都保护不了，还算个男人？况且自己还是个国王！然而他转念又一想，东胡之所以三番五次使自己丢脸，是因为东胡的力量还比匈奴强大，小不忍则乱大谋，一旦发生战争，自己的实力不济，很可能会战败，还是再忍让一回，等以后有了合适的时机，再与东胡算总账。因此，他强作笑颜，劝告群臣："尽管她是我的爱妻，而东胡国却只有一个啊！岂能因为区区一个女人伤害与邻国的友谊？"这样，他又把爱妻送给了东胡国王。

然后，他召集群臣，指明东胡气焰嚣张的原因，分析了当时的形势，鼓励大臣们内修实力，外修政治，以后将丢的面子找回来。群臣听冒顿分析得有道理，于是也按照冒顿的要求兢兢业业地治理国家，只求日后能够雪国耻、报仇恨。

东胡国王轻而易举地得到了千里马和美女，就认为冒顿真的惧怕他，便更加骄奢淫逸起来。他整日沉迷酒色，寻欢作乐，不理朝政，国力越来越衰弱。然而他却毫无自知之明，又第三次派人到匈奴去索要两国交界处的方圆千里的土地。

这时的匈奴又怎么样呢？匈奴经过冒顿及其群臣多年励精图治的治理，政治清明、实力雄厚、兵精粮足，老百姓安居乐业，国力已远远超出了东胡。

东胡的使臣来后，冒顿召集群臣商议，大臣们不明白他的态度，都在那里沉默，只有一个人站了起来，他联想到以往两次的事，就试探地说："友谊可能重于一切，我们就送给他们千里土地好了。"冒顿一听，怒发冲冠，拍案而起，振振有词道："土地乃社稷之根本，岂可割与他人！东胡国王霸我王后，索我土地，实在是欺人太甚！士可忍，孰不可忍？现在天赐良机，我们要灭掉东胡，以雪国耻。"他亲自披挂上阵，众人同仇敌忾，一举消灭了毫无防备的东胡国。

冒顿将丢脸视为一种磨炼，把丢脸作为一种和敌人斗争与周旋的策略，他通过自己丢脸的方式，使群臣意识到弱国被人欺的道理，鼓励群臣和百姓发愤图强，励精图治，先壮大自己，然后再与敌人作战，找回丢掉的颜面。如果冒顿当时在被夺马、霸妻的情形下不愿意丢脸，只是一味地意气用事，与东胡国发生战争，那么在其当时国力弱小的现实条件下，很可能会全军覆没，自己的政权也会被推翻。而冒顿没有这样做，他将丢脸巧妙地转化为刺激群臣和百姓辛勤劳作的外在因素，结果灭掉了东胡国，将自己多次丢的脸一次挽回。

“面子”是无价的，因为它代表着一个人的尊严，而没有尊严的人还有立身的根本吗？但有时却又不可一味地死要“面子”，而应该像冒顿那样，忍得下大耻辱，不争一时的匹夫之勇，恰恰是为自己求得更加长远的发展。都知道有时后退是为了进步，同理，在有些情形下的丢面子正是为了以后赢得好面子。

学会自我激励，人人都有巨大的能量

只要我们相信自己的心，只要我们相信这颗心能够源源不断地释放出巨大的能量，那么，这个世界上就没有任何力量能够阻止我们迈向前方的脚步。

别人说你不行，你难道就真的不行吗？不！世上每一颗普通的心灵里，都潜藏着无穷的能量；这种能量一旦爆发出来，将促使一个人创造出伟大的业绩。

电影《阿甘正传》中的阿甘，小时候因为发育的原因，双腿需要戴上钢架来矫正，他的行动也因此非常缓慢。在任何人看来，他是一个行动不便的孩子——这是人们惯有的思维，包括阿甘的母亲也这样想。但实际并不是这样，在一个偶然的机会里，阿甘居然扯散钢架，成了一个能跑得很快的人，而且他还因为奔跑成就了自己传奇的人生。

在阿甘的故事中，他的母亲给他的双腿固定了钢架，在母亲的潜意识里，自己的孩子是有问题的。如果不是逃避同学的追打，阿甘可能就一直带着钢架，有谁会知道阿甘原来这么能跑呢？

也许我们在这个世界上一无所有，既没有优越的家境，也没有聪慧的大脑；既没有高深的学识，也没有姣好的容貌；既没有良好的机遇，也没有贵人的援手，也许你像阿甘一样……但是，这些都是表象，只要自己不认输，你就会爆发出藏在你体内的能量。

美国的心理学家詹姆斯曾经做过一项深入的探讨。结果表明，一个人受到激励后所发挥出的能力，是没有受到激励时所发挥出的能力的 4 倍；当一个人没有受到激励时，充其量只能发挥 20% ～ 30% 的能力，而当他受到激励后，可以发挥出全部的能力。可见，激励对于一个人的能力的发挥是多么的重要。

人最大的敌人往往是自己，而不是别人怎么对待自己。在工作上遭遇到的最大问题，通常是缺乏自信。缺乏自信的现象，包括“告诉自己做不到”、“怀疑自己无法获得成功”、“对自己的现状不满意”、“担心自己会失败”、“觉得自己没有目标和安全感”，这一切都会影响自己的行动，让自己缺乏应有的活力。

因此，在充满竞争的社会里，我们应该学会激励自己，这样才能鼓起信心和勇气，激励自己更好地迎接每一次挑战。

凯勒是一名保险推销员，他很想当公司的明星推销员。因此，他不断努力学习推销保险的技巧，他甚至从图书馆借来励志书籍和杂志，想从书籍中培养积极的推销保险的心态。很快，凯勒内心变得强大起来，他能经得住很多看似不能战胜的困难。

在一个寒冷的冬天，凯勒在一个很大的社区推销保险，但一个月下来，他居然没有获得一份保险订单。他想离开这个社区，到其他社区可能更好些，但是他又想起过去读过一些保持积极心境的法则。第二天，他在出发之前对同事讲述了自己昨天的失败，并且对同事们说："你们等着瞧吧，今天我会再次拜访那些顾客，我会售出比你们售出总和还多的保险单。"

第二天，凯勒回到那个社区，又访问了前一天同他谈过话的每个人，结果在一周内售出了30张新的事故保险单。这是了不起的业绩，但谁也没有想到，这些订单是他在风雪交加的天气里挨家挨户走了十多个小时而获得的。凯勒把这种大多数人都会感到的沮丧，变成激励自己的动力，结果如愿以偿。

不管现实是多么残酷，你都不要埋怨，而是把残酷踩在脚下，残酷的现实就会成为你的垫脚石。

在别人打击下的自我激励是非常有效的，产生的力量也是巨大的，我们每一个人都可以做到。当我们怀疑自己的能力时，当我们的人生遇到他人的打击时，不妨通过自我激励获得强烈的自信心。也许你会发现它如同一支强心针，使我们更加自信，更加坚强。

每个人的一生中都难免有一些缺憾和不如意的事情，如果放大这个缺憾和不如意，就将永远生活在阴影之中。也许我们无力改变生活中的缺憾，也许我们无法避免人生中的苦难，但我们心灵的力量是无穷的，如果用感谢的心态来对待生活中的缺憾和苦难，就会拥有完全不同的人生。

第三章 当你被挤进夹缝，才有机会直面桃花源

在这个弱肉强食的世界，你或许是最羸弱的一个人，常常被人打压，被人欺负……你或许会被人挤在夹缝中苟延残喘。告诉你，你的机会来了！因为在夹缝的那边，或许就是一片桃花源。只要挤过夹缝，你就会拥有广阔的事业天地。

接受耻辱的事，用它帮助你突破自我

在耻辱中，一个人往往能产生改变自己生活现状的强烈愿望，这样才能发掘出自己最大的潜力，最终一步步走向成功。

人的很多本性只有在遭受巨大打击和刺激的情况下才会显露出来。比如说受到他人的讥讽和嘲笑，或者自己的做事能力不如他人被领导批评，这时，人的内心就会有一种耻辱感，这种耻辱感会产生新的动力，让人用尽全力去做以前不曾做到的事情。

通常情况下，贫穷带给我们的是肉体上的痛苦，而耻辱带给我们更多的是精神上的折磨。在生活中，每个人都或多或少经历过一些被视为耻辱的事。它们好像扎进肉里的刺，轻轻地碰一下都会让人疼得倒吸一口气。但耻辱也并不是一点好处都没有，那些熟悉并且懂得利用它的人会发现：它就像一把双刃剑，挑战与机遇并存，障碍和锻炼同在。

所以，你无法改变天气，却可以改变心情；你无法控制别人，但能够掌握自己，因为操之在我。我们要会把负面的情绪升华为奋斗的动力。人是个很奇怪的动物，在受到羞辱之后，会激发起图强的决心和勇气，重新认识自己，重新回顾自己以前犯下的错误。成功者之所以能成为成功者，必须要能承担起几倍于常人的压力和痛苦。有句话说："感谢给你耻辱的人，他们也让你成长。"这句话不无道理，那些让你感受到羞辱的人，会最大限度地激发出你的潜能，使你更快地向成功靠拢，即便这根本就不是他们的意图所在。所以说，想要"报复"你的敌人，不是拿刀子杀了他，而是用你自己的成功证明他当初的错误和失败。

一般人想到羞辱，就觉得它是让人难以忍受的。殊不知，正因为难以忍受，所以必须要洗刷曾经的不光彩，否则以后就很难再挺起腰杆了。这种强烈的欲望，往往会成为我们奋斗的动力。如果奋斗成功了，那么耻辱就被抵消，我们也可以扬眉吐气。当我们再次起帆远航时，曾经经历的耻辱如同露出了海面的礁石，能让我们吸取经验和教训，规避不必要的失误。

加拿大工学院是一所闻名于世界的著名学府。这所学校有一个与众不同又让人十分惊异的习惯，那就是当每一届学生毕业的时候，除了领发毕业证以外，学院还会给他们发一枚钢制戒指。

这种戒指的来历同样让人感到诧异，他们是用一座倒塌了的桥梁的钢材制作的。

原来，曾经有一位从加拿大工学院毕业的工程师，接受了一座大型桥梁的设计工作，结果设计出现失误，桥梁在交付使用不久就倒塌了。政府和地方蒙受了巨大的经济损失，社会上对桥梁的设计者骂声不绝。加拿大工学院的名誉也因此受到了极大的损害。

为了吸取这个惨痛的教训，学校的领导决定买下桥梁的所有钢材，制作“耻辱之戒”，以便让后来的毕业生更努力地工作，不断提高自己的技术水平。

这种铭记耻辱的做法实际是非常智慧的，它激励了成千上万的学子奋发努力，为自己和母校争得荣誉。

化耻辱为动力，是通过对曾经的难堪和失败的强调，逼迫人们正视内心的脆弱和胆怯，从而使人们变得勇敢起来。把耻辱化为动力后，才可能从伤痛中挺立起来，进入一种豁达的境界；对于那些曾施加耻辱给我们的人，我们才可能会释怀。

无数事实表明，成功不是唾手可得的，凡是心浮气躁的人是很难成就一番大事业的。但凡成功者，肯定都有一颗坚忍的心，这颗心足以抵挡外界对自己的一切羞辱和不屑，能够摒弃对自己不利的浮躁情绪。他们往往都会为了最后的胜利，忍常人无法忍受的事情，做常人做不到的事情，他们会默默地积蓄力量，以坚韧不拔的精神，在任何的尴尬和艰难中都能冷静地审时度势，默默地等待时机，以达到最终的目标。

遭遇他人的打压，是一个人崛起的阶梯

打压我们的人，其实是给了我们一个机会，那就是好好检讨和反省自己的机会。我们先要考虑，自己是否太过高调？

我们知道，那些打压我们的人是在害怕我们。在他们看来，如果不加制止，我们的过人之处，终将会成为他们最大的威胁，地位、荣誉乃至利益。或许在他们看来，他们的做法无可厚非，人不为己天诛地灭嘛。可是对于我们来说，打压又意味着什么？或许原来我们可以冲上一座高峰，但却因为那毫无来由的打压，我们只能望“峰”兴叹，却又无可奈何。打压对于我们来说，是一件痛苦的事，或许会让我们暂时与成功失之交臂。

但是请注意，那只是“暂时”，只要我们可以正视打压，积极化解打压带来的负面影响，就一定可以化痛苦为力量。那么，我们又该如何去正视打压呢？

当打压来临的时候，我们先不要过于激动和委屈，而是应该静下心来好好想想，自己为什么会遭到打压？别人之所以会来打压我们，是因为我们身上优秀的地方让他们受到了威胁，感到了害怕。为了自己的利益最大化，为了可以使自己爬得更高，所以他们要打压我们，甚至无所不用其极。没错，这就是别人打压我们的主要原因，那么这个时候，我们也需要考虑一下，有没有自己的原因在里面？

俗话说得好，木秀于林，风必摧之。或许我们并非是一棵“优秀”的大树，但却很着急地把自己装扮成一棵“优秀”的大树。在我们为此洋洋

自得的时候，那些有心人却因此感到了威胁。他们会想：这样下去，那怎么得了？想想也是，自古都是“一山不能容二虎”，我们刻意装扮的“优秀”，必然会让他们感到威胁，于是，打压就来了。

我们还需考虑，自己处理好和周围同事的关系了吗？很多时候，别人之所以会打压我们，甚至没有什么特别的缘由，只是由于不太喜欢我们。追根究底，是我们没有和周围的同事处理好关系。两个心里有嫌隙的人，虽然不至于一见面就掐起来，但打压则是免不了的。这种情况在工作中很常见，想想看我们有没有这样的经历？有些同事好像天生就不喜欢我们，处处针对我们，跟我们过不去，让我们为难。其实原因就是，我们没有处理好和他们的关系。

当然了，我们自身的原因还有很多，上面所陈述的只是一些较为普遍的原因。但是在这些原因里，我们不难发现一个问题：其实自己的原因也很重要。想想看，倘若我们不那么高调，低调地做人，低调地做事，少出一些无所谓的风头，是不是会避免很多打压？假如我们能够非常圆润地处理好同事之间的关系，和绝大多数人都能和平相处，是不是也会避免很多打压？这是毫无疑向的。

如果这些我们都可以做得很好，还是会被别人打压，那就很明显了，是别人见不得我们好，想方设法地想要压我们一头。这个时候，我们已经没有了退路，因为能做的自己已经全做了，当我们被逼到角落，退无可退的时候，只能奋起反抗。怎么反抗？抓住那些打压我们的人，狠狠地暴打一顿，或者臭骂一顿，出一出心中的恶气？当然不是！那样的做法，是最愚蠢的行为。我们要采取的反击方式是在打压中奋斗，直至成功。

原因很简单，别人之所以打压我们，只是担心会强过他们，比他们更为引人注目。他们以为，把我们打压下去，自己就可以高枕无忧了，这是他们的如意算盘。既然如此，那么我们反击的最佳方式，就是要强过他们，比他们更为优秀。想想看，有什么能比让他们“噩梦”成真这种反击方式更为高明呢？当然没有！

最近，公司刚刚进行了机构改革，员工的职位有升有降，升的是满脸喜悦，降的是一脸不快。很不巧，胡闻敏就在被降的人之中。他本来很有希望竞争技术中心主任助理，却没有想到被调到下面制造厂当了工程师。明眼人一看就能看出，胡闻敏肯定是犯什么事被贬了。

胡闻敏不高兴，同事也都在替他打抱不平。下班了，大伙儿拉着他去吃饭，七嘴八舌地询问到底是怎么回事？是不是得罪哪位领导了？因为论能力，论资历，胡闻敏在厂里是数一数二的，完全有资格做技术中心主任助理。

不过，胡闻敏却是一脸迷茫："我也不知道自己哪儿做错了啊。平时我和主任关系挺好，和其他几个领导的关系也算不错，大家都觉得我完全有机会，也有能力做技术中心主任助理啊。尤其是主任，这次助理的提名是他确定的，我实在想不出，自己有什么地方得罪了他，这次他要这么对我？"说完，一脸的不解。

"你再好好想想，是不是有什么地方得罪了他，自己还不知道。这段时间，你们有没有闹过矛盾？我就不相信了，好好的他不要你去做助理，却去选那个能力和资历都不如你的小孙？他脑子有病吧！"有的同事说。

胡闻敏想了想，摇头说："确实没有。前几天我们俩一块儿喝酒，还挺好的。他跟我说，我的能力强，人缘又好，要是有机会的话，完全可以做到主任的位子。只要好好干，在这公司里的成就一定不可限量。"

一个同事突然问道："当时你怎么回答？"

"我说，如果真有那么一天，那可真要谢谢主任的栽培和提携。其实我也想过，只要有机会，我一定可以做得很好。这次要全仰仗主任您的帮助了。"胡闻敏说。

同事叹了口气，说："哥们儿，别想了，问题就在这里。你小子，也不知道谦虚点，太高调了，自己能力强也别太显眼了啊。你没觉得吗？这次主任之所以会这样做，就是在打压你，不让你有往上爬的机会。"

胡闻敏吃了一惊："不会吧！怎么会这样？"

"这你还想不到吗？你的能力强，甚至强过了他，他放你在自己身边，就相当于放了一枚定时炸弹。当你的能力被上面的领导注意后，他怎么办？做你的下属吗？还是卷铺盖回家？只有把你打压下去，没有出头的机会，他的利益才能得到保障。”

胡闻敏听了，郁闷地问同事：“那这么说，我在这公司里就永远没有出头之日了？上面有个主任在挡着，想再前进一步，怕是没有机会了吧！”

“当然不是没有机会。哥们儿，你想想看，他怕的是什么？不就是你起来会压过他吗？那你就努力做给他看，他压着你，总有别的领导会发现你的过人之处。只要咱是一粒金子，在哪里都会发光。你就多努点力，爬到他的头上给他看看。”

一语惊醒梦中人，胡闻敏不住点头称是。

他不再在意主任的打压，而是带着一股狠劲，把全身心都投入到了工作之中。在他的努力下，他所在的厂子所生产出的产品，不但质量过硬，产量也总是遥遥领先于其他厂子。厂长把他的功劳如实向上面领导反映，上面领导对其大为赞许。果然，一年之后，他被召回公司，坐到了主任的位置。而那个打压他的主任，却因为没有什么工作业绩而被降职，成了他的下属。

当遇到打压时，消沉和自怨自艾只能是于事无补。其实如果我们一蹶不振，最开心的莫过于打压我们的人，因为他的目的已然达到。就像故事中的那位主任，他之所以会打压胡闻敏，正是怕胡闻敏的能力强，会爬到自己的头上。如果胡闻敏心灰意懒，那么就不可能再会有出头的机会，也正好遂了主任的意。但是胡闻敏却听从了朋友的劝告，更加努力。他的努力不仅使自己在事业上获得了成功，也粉碎了主任的如意算盘，这难道不是最好的反击吗？当然是最好的反击。

别人打压我们，是想把我们踩在脚下，那么我们就努力起来，站在最高处向他们微笑：瞧瞧，你们的打压，其实是帮了我呢！所以，我们无须去介怀生活中、工作中的打压，更不要让那些打压带来的痛苦、消沉等负面影响妨碍到我们正常的生活和工作。恰恰相反，我们应该把这些负面影响加以转化和吸收，作为自己前进的动力。要知道，我们的崛起，才是那些打压我们的人真正恐惧的。

对你挤压有多狠，你的“反弹”就有多高

挤压有多重，反弹就有多高。这是一个再简单不过的自然原理，但是在这个自然原理之中，却蕴含着非常宝贵的人生智慧。

一段小小的弹簧，虽然毫不起眼，但在打压面前，却无疑是个智者。当外界打压迎头袭来的时候，它遇强则让，然后再慢慢反弹。弹簧的高明之处还不止于此，它让世人看到了自己的另外一种精神，那就是打压有多重，反弹就有多高。

那么，在生活中、工作中，我们为什么不去学学弹簧是怎么应对打压的呢？既然弹簧可以把打压的力量转化为反弹的动力，我们为什么不可以？我们为什么不能做到挤压有多重，反弹就有多高，甚至是更高呢？

我们可以，当然可以。试想一下，如果我们想要背起一个很重的包袱，那么需要付出多大的力量？毫无疑问，相当于包袱的重量，甚至是比包袱更重。因为我们还要行走，还要奔跑，这些都需要额外的力量。有些人挤压了我们，从表象上看，我们是受害者，会难受、会为难甚至痛苦。那些人强加给了我们一个包袱，把我们压得喘不过气。可是，这真的很糟糕吗？我们真的会在这个沉重的包袱下一蹶不振、丧失斗志吗？

这其实还是取决于我们。如果我们可以像那段小弹簧一样，就会发现，挤压不过如此。那个别人强加给我们的包袱、那些为难、那些拳打脚踩、那些排挤刁难，只是在压缩我们的斗志，那些人其实是在逼迫我们，逼着我们以最强的力量反弹起来。我们当然会反弹，就像弹簧被压缩到了极限，就会向外弹出一样，只要我们努力，就会反弹得很高、很有力。

20岁那年进厂，通过10年的努力，30岁的时候，她坐到了印刷厂分厂厂长的位子。这让她非常有成就感，浑身上下有着使不完的劲儿。很快，在她的努力下，分厂的成绩成为公司所有的印刷分厂之最，把所有的分厂远远地抛在了后面。

这样一来，她就有些得罪到那些分厂的领导者了。有一些分厂的领导者很尴尬：让一个女人成了榜样，自己只能被总厂领导责骂甚至批评了。很快，她就成了众矢之的，人人开始挤压她。大家很有默契地达成了一个共识，那就是：把她挤压下去，自己才有活路。

由于业务发展的需要，厂子里需要新进一批设备。这批设备其实要不了多少钱，只是需要总公司点头同意才能购买。她向总公司申报，给的答复是让她等一等，要开会研究。但她没有多说什么，心想等就等吧，很快就可以购买这批设备了，但让人想不到的是，这个“开会研究”却一拖再拖，拖得让她就失去耐心了，而厂子里，却因为这件事影响了工作进度。

有人告诉她，这件事根本就没有开会研究，而是被人压了下来，其用意很简单，就是想挤压一下她。她一下子蒙了，难道辛苦工作也做错了吗？她心里很难过，觉得这样的挤压自己无法接受，这根本毫无道理可言。她实在无法忍受在这样一个环境里工作，认为这样的挤压只会让人无法前进。

于是，她考虑再三，提出了辞职。家人愤怒、朋友不解，她不为所动。其实她心里已经有了一个想法，既然别人要挤压自己，那么自己就要活得更加精彩。

她选择了下海经商，由于熟知印刷行业的各种业务，她的事业很快就红红火火地开展了下去。10年以后，她成了当地赫赫有名的印刷厂老板，业务做得是风生水起。

而她曾经就职过的那家公司，却因为经营不善，濒临倒闭。她常常感慨地说：“这些年来，我弹精竭虑，就是想证明自己的能力。如今我成功了，想想过去走过的路，我要感谢那些曾经挤压过我的人。因为没有他们的刺激，没有他们的激励，我无法有今天的成就。也许我会和其他人一样，成为一个庸庸碌碌的下岗职工，而不会取得今天的成绩。”

我们真的要做一个弹簧，遇强则愈强。我们都是聪明的人，聪明的人应该知道怎样做到能量转换。只要我们可以把挤压带来的压力转化为前进的动力，就会以更强劲的力量反弹出去。挤压越重，反弹的力量就越大。其实故事中她的话非常有道理，那些挤压她的人，带来的不仅有刺激、委屈，还有为难，更带来了一种鼓励。当然，这种鼓励不是温言软语，而是用带刺的皮鞭猛抽。很多人在这种猛抽之下受伤了、跌倒了，再也爬不起来了，但是她却不然，而是反弹得更高，跑得更快。

在生活中、工作中，我们都有被别人挤压的经历，轻则步履艰难，重则丢盔卸甲。可是在挤压过后，我们是怎么做的？做到坦然面对了吗？做到反弹了吗？人的韧性尤胜于弹簧，弹簧可以做到挤压有多重，反弹有多高，人更要这样。所以，对于挤压我们的人，我们应该感谢他。

打压你的人，给你超越他人的决心

在人生的旅途中，当我们没有斗志精疲力竭的时候，是别人的打压，重新唤醒了我们血液中那股原始的力量。于是，我们又可以斗志昂扬地站起来，去超越一切。

我国古代著名思想家荀子在《荀子·劝学》一文中曾经说道：“故不积畦步，无以至千里；不积小流，无以成江海。骐骥一跃，不能十步，驽马十驾，功在不舍。锲而舍之，朽木不折；锲而不舍，金石可镂。”意思就是无论做什么事，都要有锲而不舍的精神。可见，锲而不舍，努力追求的坚定决心，是一个人走向成功的关键。

但遗憾的是，在生活中，很多时候，我们往往就是缺乏了这样一种坚定的信心。看到别人事业蒸蒸日上，我们也想如此，可是奋斗了一段时间之后，却颓然止步，就此放弃。于是，我们就只能看着别人走向成功，自己却空自羡慕。其实这个时候，我们完全有能力、有条件走向更完美的成功，只是缺乏了一种锲而不舍的精神，少了一股奋勇向前的斗志，所以就只能在冷清的人生路上空自惆怅。

我们要怎么办？难道只是因为缺乏了些许斗志，少了些许信心，就要终日与庸碌为伍，不能活得更加精彩？

当然不是。这个时候，有人来了。虽然斗志不是很强，信心不是很足，但我们身上的某些闪光点，还是刺痛了某些人的眼睛，引起了他们的恐惧。他们害怕我们会活得更好，会走得更加精彩，更害怕我们一旦爬得高了，就会把他们踩在脚下。于是，他们就恐惧得无以复加，打算采取一种最古老的方法，那就是先下手为强。他们下手了，开始对我们进行打压。

竞聘某一职位时，对手有关系而我们没有，于是对手就通过关系打压我们，这使得虽然我们很优秀，却无缘这个岗位；我们的能力不错，很有机会升职加薪，但是上司却不喜欢，怕我们的优秀会影响到他的事业，于是，打压扑面而来，使得我们一直原地踏步走；我们写了一个非常优秀的策划方案想要交给老板，同事觉得我们辛苦就一定要代劳，可哪里知道，这个策划方案到了老板手中，已经被改得面目全非。自然，我们受到了老板的一顿臭骂。为什么如此？是因为同事为了打压我们，故意为之。生活中、工作中这样的例子不胜枚举。总而言之，这些人是欲把我们踩在脚下而后快，是不折不扣地在为难我们。

那么，我们要去记恨和咒骂这些打压我们的人吗？当然不必！我们不仅不要去记恨和咒骂这些打压我们的人，反而还要去感谢他们。是的，感谢他们！感谢他们重新激起了我们的斗志，给了我们超越他人的决心。

竹笋在遭遇顽石压顶的时候，先会照旧用力往上生长。但当它发现推不开压顶的顽石之后，就会改变策略，积蓄自己的力量。它的身子会越长越壮、越来越强大。等到有一天，它有了足够的力量，就会一举冲破顽石的打压，成长为一棵坚韧的竹子。竹子的斗志从哪里来？没错，就是从顽石的打压中得来！别人不让自己生长，那就偏偏生长，不仅如此，还要长得更强更壮，长给那些家伙瞧瞧！打压我们的人，其实就是一块压在我们头上的顽石，他们想阻住我们生长的举动，让我们受伤，也让我们生气，可是，更给了我们一股强劲的动力，给了我们一个超越他人的决心。他们不想让我们过得好，那么我们就偏偏要过得好，而且要过得更好。在这场角逐之中，他们骑的是象，而我们骑的是马，虽然大象带来的磅礴压力足以让我们窒息，但却也在逼着我们狂奔，给了我们超越他们的力量。

在狮群之中，有这么一只小狮子：它聪明伶俐，行动迅捷，可以把每件事都做得很好。因为这样，狮群中所有的狮子都喜欢它。但是有一个狮子除外，那就是狮王。每次有困难而且危险的任务，它都会派这只小狮子去做。小狮子如果可以顺利完成，那就相安无事；如果没有做好失败了，它就会痛骂小狮子一顿。就连平时没事的时候，它也找小狮子的茬儿，故意为难小狮子。

大家都很不平，但所有狮子心里都明白，狮王之所以会这么做，是因为妒忌小狮子的本事，怕小狮子会威胁到它的地位。它想打压小狮子，让小狮子永远臣服自己。小狮子自己也明白这一点，所以无论狮王怎么打压，怎样刁难，它都逆来顺受。

有的狮子实在看不惯小狮子总被打压，就劝小狮子离开。哪知小狮子听完后调皮地笑笑说：“为什么要离开？我既然有能力处理好任何事情，那么这件事自然也不在话下。我想过了，狮王既然害怕我的能力变强，会将它取而代之，那么如果我离开了，最高兴的自然是它了。我为什么要让它满意呢？世界上什么事都能压得住，但唯有能力却是压制不住的。它想压制住我的能力，我就偏偏要有更强的能力。虽然它是狮王，我不能说什么，但我却可以用能力来证明一切。”

于是，小狮子更努力了。努力做事，努力提高自己的能力，更趁别人休息的时候，努力锻炼自己的身体。狮王的打压，已经点燃了它心中沸腾的火焰。它知道，自己停不下来了，只有超越所有的狮子，超越狮王，才能活得更加精彩。

果然，它聪明的头脑和越来越强的能力征服了所有的狮子。在又一次的狮王选拔赛中，它力挫狮王，成为了新一代的狮王。

在自然界中，人是万物之灵，有着无穷无尽的潜能。在很多时候，我们以为自己已经用尽了全力。但是却没有，因为在我们的血液中，还流淌着一股原始的力量。这种力量惊天动地，足以让我们战胜一切困难。

真的应该感谢那些打压我们的人，是他们唤醒了我们的斗志，给了我们超越他人的力量。我们就像是一个健忘的孩子，总是忘记奋斗的人生才会更加精彩，总以为自己已经不错，可以好好享受生活了。于是，工作中，我们以稳定为美；事业上，我们以小有成就为高。我们固守在自己的世界之中，觉得自己已经是个君主。可是，打压我们的人却不这样看，他们敏感地捕捉到了一丝威胁，感觉到了一种厌恶。在这种情感支配下，他们对我们发起了进攻，对我们进行了打压，妄图以此把我们远远抛在后面。但也正是在这个时候，我们的危机感才被激发，我们猛然发现，有一个很厉害的对手想要消灭自己的王国。我们为了生存，不得不抖擞起精神，努力使自己强大，然后奋起反抗。

其实在这个时候，我们的斗志和超越他人的决心，都已经空前强大起来。那些打压我们的人，实际上是给我们打了一剂强心针，让我们的斗志和勇气随着沸腾的血液一起燃烧。这是我们的最佳状态，我们有决心超越一切打压我们的人。

真的应该感谢那些打压我们的人，从某种程度上来看，他们的打压已然并非为难，而是一种赐予。他们赐予了我们斗志和决心，让我们可以勇敢地面对一切。

为什么有人会想着把我们踩在脚下

别人打压你。其实是因为别人怕，怕有人的光芒盖过了自己。于是就想尽一切办法让其没有发出光芒的机会。

为什么总会有人想着把我们踩在脚下？最简单的一个理由是，那些人见不得我们好。在生活中，我们每个人都有长处，当我们的长处熠熠闪光之时，那些光芒，可能会刺痛一些人的眼睛。他们想超越我们，想比我们更出彩，也更出众。但是由于能力有限，他们却总是排在我们后面。于是，他们就想出了一种办法，那就是用打压的手段使我们变低，让他们变高。他们见不得我们好，也不能让我们好。

于是，各种打压的手段和为难接踵而来，让我们应接不暇。

某公司进行制度改革，解雇了几个不称职的管理者，从外面新招来了一批管理者。技术部门新来的上司姓郑，很讨大家喜欢。这位上司的能力有多强大家还不太清楚，但他与下属相处的能力是一流的，没过几天，他的亲切温和与平易近人已经彻底征服了大家。大家都很庆幸自己的部门来了一位好领导，各自心中窃喜。其实老吴更是开心，他觉得跟着这样好的领导工作，自己一定会有更大的发展空间。于是，他工作起来就更加兢兢业业、认认真真。

两个月后，公司总部下了一个通知，要从技术部门提拔一个跟郑姓领导平级的部门主管，至于具体人员，由郑姓领导自己推荐。这是一个天大的喜讯，整个部门都知道了这个消息。不过，大家心里都很清楚，这次这个领导的位置，一定非老吴莫属。因为老吴资历最老，技术好，人缘好，办事能力也是一流的。两个多月处下来，郑领导肯定摸得是一清二楚。所以技术部门的这个位子，除了老吴，没有第二个合适的人选。

但是，郑领导推荐的结果让大家吃了一惊，他推荐的，居然是一个平时能力不强，人缘也不怎么好的员工。放着有能力的人不去推荐，却偏偏去推荐一个没有能力的人，这是怎么回事？

这位郑姓领导脑子很聪明，他之所以会如此推荐，究其原因其实也很简单，原来呀，老吴太优秀。他担心的是，推荐一个很优秀，甚至比自己更出众的员工去做领导，会抢了自己的风头。如果上面的领导发现了这一情况，很有可能会重用别人而轻视自己。这种情况，显然他不想看到。为了防止这种情况的发生，他选择了一种最聪明的方法，那就是先下手为强，用打压的方式除去这个强有力的对手。

整个社会是一个大的生态系统，而人与人之间则是一个小的生态系统，在这个小的生态系统里面，有杂草有绿叶有红花。很显然，红花是最引人注目的，杂草和绿叶似乎很难盖过红花的光环。但是杂草和绿叶却自有办法，只要能把红花打压下去就可以了。它们大可以用自己枝枝丫丫的优势，把红花打压得永远没有出头之日。

说来说去，我们之所以会被人打压，只因为我们有优秀的地方，有别人所没有的过人之处。这些过人之处就像是一根针，刺痛了那些人敏感而脆弱的神经。于是，他们就想通过打压我们的方式，让自己凸显出来。这就是为什么有人总想着把我们踩在脚下的真正原因。

打压确实是无处不在，尤其是在职场中更甚。这其实是一种典型的嫉妒心理，但却比嫉妒更为严重。为什么这么说呢？因为嫉妒我们每个人可能都会有，看到比自己更为优秀、更为出众的人，我们都免不了要去嫉妒。正常的嫉妒倒也没什么，只是有些人已经超出了嫉妒的范畴，只想着通过把别人踩下去，来抬高自己。于是，就出现了打压。

为什么总会有人想着打压我们？在这里，我们已经有了明确的答案，因为我们比别人优秀。我们比同事优秀，同事可能就会打压我们，因为只有我们被打压下去，他们的光芒才能得以显现。我们才能卓著，领导也可能打压我们，因为如果任由我们成长，将有可能会危及他们的地位。我们锋芒太露，也会有人打压我们，因为他们想挫挫我们的傲气。总而言之，打压在生活中随处可见，只要我们优秀，总会有人想着来打压我们。

其实说到底，是我们的优秀威胁到了别人的地位，所以我们才会遭到打压。这些打压虽然给我们造成了一些困扰，甚至是让我们为难，但却大可不必害怕和恐慌。因为，那些打压我们的人，其实是在害怕我们。

职场上的你，要感谢在工作中为难你的人

真的应该去感谢那些在工作中为难我们的人，虽然他们的帮助方式有些“特殊”，但一样给了我们腾飞的力量。

如果有一天，我们在职场中挣得了一份特殊的荣耀，那么最应该感谢的是谁？了解了这么多，相信大多数人都会明白，我们最需要感谢的人只有两种：一种是曾经帮助过我们的人；而另外一种是那些为难过我们的人。

帮助过我们的人，是我们生命中的贵人，在我们束手无策、困难重重的时候，是他们挺身而出，为我们排忧解难，帮我们渡过难关。对于帮助过自己的人，所有的人都会心怀感激。但是，很多人却忘记了，那些为难过我们的人，也是我们生命中的贵人。他们虽然给我们增加了困难，设置了障碍，但却激发了我们奋斗的勇气，增长了我们人生的智慧，强化了我们成长的心志。在很多时候，帮助过我们的人是在前面拉着我们前进，而

为难我们的人，则是在后面推着我们前进，虽然方法不同，但却都是帮助我们前进。或许这不同的方法，给了我们不同的感受，但毫无疑问，他们都是我们生命中的贵人，我们应该去感谢他们。

当在茫然无措中找到前进的目标时，当在没有信心中恢复万丈雄心时，在恼羞成怒、咬牙切齿时，我们是否真的应该好好想一想，想想那些曾经为难我们的人？他们不是过眼云烟，虽然我们最终解决了困难，渡过了危机，但他们对我们的影响却有可能是永久的，甚至是一生的财富。试问，有什么帮助比恢复斗志勇气、增长智慧经验更难能可贵？没有！而那些在工作中为难过我们的人，恰恰就赐给了我们这些。所以，我们应该去感谢他们，真心地感谢他们！

美国独立企业联盟主席杰克·法里斯很小的时候就开始了工作。13岁那年，他曾在父母的加油站工作。

父亲给他安排的工作是在前台接待顾客，当有顾客来的时候，他必须以最周到的服务去迎接。他要在车子停稳前就站到司机门前，然后去检查汽车的油量、蓄电池的电量、传动带、胶皮管和水箱等。父亲要求得很严格，必须要一丝不苟地做好这些繁琐的工作。

工作了一段时间后，法里斯发现，如果自己的工作做得很好，那些顾客就会再次光顾，反之就不会再来。为了可以让顾客来得多一些，他就额外做了一些工作，比如给顾客擦去车身上的灰尘和档风玻璃上的污渍，等等。很多顾客都明白，这些工作原本不应该由他来做，于是就会感激地给他一些小费。

有段时间，每周都会有一位老太太开着车过来清洗和打蜡。而法里斯也会照例多帮老太太做点事，打扫打扫车子内部。因为这是一辆老式汽车，车内地板凹陷极深，所以打扫难度很大。每当他费尽气力打扫完之后，这位老太太不仅不给小费，还会认真地把车子检查一遍。如果发现有打扫不到位的地方，她就会要求法里斯重新打扫，直到清除掉每一缕棉绒和灰尘才算满意。

一次两次没有什么，但是时间久了，法里斯就有些生气了。他心想：这根本就不是我分内的工作，而我却任劳任怨地为她做了。可是，她不但不知道感谢，反而这样为难我，总是指责我打扫得不干净。这太让人生气了！于是，在老太太又一次指责他打扫得不干净，要求他重新打扫时，他拒绝了。他对老太太说："夫人，这不是我分内的工作，我之所以为您打扫，是想帮帮您。您应该感谢我，而不是总是为难我。要知道，您的车子，根本就很难清理！"老太太听他这样说，气呼呼地把车开走了。

这时候，法里斯的父亲正好在旁边工作。他听了儿子的话，皱了皱眉头说："孩子，难道你就只能从那位太太的为难中学会暴躁和冲动吗？她是不是还告诉了你什么道理？"

法里斯不解地看着父亲，他不明白父亲为什么会这样说。父亲接着说："你应该看到，那位太太的刁难，说明了我们的工作并不出色。想想看，如果你能把工作做到最完善，那位太太还会为难你吗？难道你把车打扫得没有一丝灰尘，她还能挑出毛病来吗？当然不能！我们的工作，只有做到任何顾客都无法挑出毛病，才是最好的，才能赢得客户的信任。"

法里斯记住了父亲的话，他认真地工作，一丝不苟地做好自己手中的每一项工作。他的这种工作精神，为他的人生铺就了一条平坦大道。凭着这种工作精神，他在事业上迅速崛起，生意越做越大，最终成为美国商业最著名的一颗星。

在回忆自己一生经历的时候，法里斯曾说，他之所以可以成功，第一要感谢自己的父亲，因为父亲提醒了自己应该怎样面对顾客；第二要感谢的是那位老太太，老太太的为难让他明白了只有想办法处理好这些难题，自己才能在顾客面前立于不败之地。

法里斯要感谢那位为难自己的老太太，那么我们呢？是不是更应该去感谢那些在工作中为难自己的人？这点毫无疑问。工作中的那些为难，其实是一剂最妙的良药，虽然吞下去的时候会很苦，但是那些"苦"，却对我们的发展，对我们的人生，有着至关重要的影响。这就如同法里斯的成功，也许并非是老太太的为难造就，但很显然，那些为难起了莫大的作用。所以，对于那些赠送“良药”的人，我们的确应该去真心感谢。

河流会感谢高山的阻隔，春天会感谢寒冬的折磨，而我们，也同样会感谢那些在工作中为难我们的人，是他们让我们的生活与众不同；感谢那些在工作中为难我们的人，是他们让我们的人生更加精彩。

第四章　学会委曲求全，对受屈的自己说谢谢

愚蠢的人为了小事盲目地去死，聪明的人为了事业委屈地活着。越王在屈辱中成功复国，韩信在屈辱后成为将帅，正所谓委曲求全。我们要感谢给予自己屈辱的人，因为屈辱往往会变成一种激励，成为我们成功路上的动力。

中伤你的人，促你迅速崛起

如果我们逆向思维，那些羞辱和中伤反而会起到激励我们的作用，并且这种激励和普通的激励不同，更能让我们奋起。

人们经常因为各种原因遭受到羞辱和中伤。暴露了自己的缺点，受人嘲笑；犯了低级错误，遭人讽刺；工作不体面，让人看不起……羞辱中伤我们的人，让我们感到自己没有尊严，也正因如此，为了有尊严，我们便可能立下志向，从失败的地方迅速崛起。

曾任微软中国公司总经理、TCL 集团常务董事副总裁的吴士宏最初在 IBM 公司北京办事处当清洁工。一个资格很老的女职员把吴士宏当成了经常偷喝她咖啡的贼，还说："如果你想喝我的咖啡，麻烦你每次把盖子盖好。"这种人格的侮辱，让吴士宏顿时浑身颤栗。事后，她对自己说："有朝一日，我要有能力去管理公司里的任何人。"

很多人都在抱怨，是他人的异样眼光让自己失去了尊严。然而，要想捍卫自尊，只有依靠不懈奋斗。老子说："天地不仁，以万物为刍狗。"如果别人对我们无情，那我们就要从这种无情中得到经验和教训，含悲忍泪，发奋自强。

羞辱和中伤我们的人往往能使得我们崛起。勾践"问疾尝粪"、"三年不温怒，无恨色"，终于复国；司马迁"含垢忍辱，发奋著书"，终于名垂千史。

韦文军是深圳装修装饰行业的传奇人物，其魔下的“家天下”装饰设计有限公司在短短几年内迅速崛起，年纯盈利逾百万元。其传奇般的发家史被同行传得沸沸扬扬，但韦文军却说自己是“刷马桶出身的”。

当年，韦文军刚到深圳，不顾老板的羞辱，决定留在公司学电脑，免费为公司打扫卫生，包括刷马桶。同事们都瞧不起他，一位女同事甚至当众对韦文军说：“以后不要坐在我身边，你身上一股子垃圾的馊味搞得我想吐，难道你自己闻不到吗？”年轻的韦文军遭此奚落，只能跑到防火楼道里大哭了一场。

后来，韦文军的老板对他说：“几乎每个新毕业的学生‘摸’到我这里时，‘下场’都是一样的——当场被不客气地轰走。我想通过这种奇特的方式激励年轻人迈出第一步之后懂得发奋图强，许多人都‘含悲忍泪’地走了，只有你是个例外，坚强地留了下来。‘道是无情胜有情’，我对你的无情实际是一种有情，希望你能在苦难中得到教训和收获！”

经过一番艰苦奋斗之后，韦文军终于成就了自己的事业。

弱者的自尊心是不值钱的，也不会有人在意弱者是不是伤了自尊。当别人把弱者踩在脚底下，并哈哈大笑的时候，在乎弱者尊严的人只有他自己。言语回击吗？这没有任何意义，弱者也根本没有反击的能力。但当自己强大起来，对方也就闭上嘴巴。就好像打球时，面对对手的挑衅，最有力的回击不是言语上的叫嚣，而是用尽全力打出一个最好的球，那些挑衅的声音自然会消失。知耻而后勇，勇后而成功。当明白了这个道理后，对那些羞辱和中伤，我们反而要对那些人说一声“谢谢”了。

为上“架子”丢了去，为下忠诚留下来

弯下腰虽然让自己受了委屈，但这是做人低调的艺术，是凝聚人心的智慧，能为自己带来更长远的利益。

假如你是一个老板，那么就要招引和挽留人才。职位、高薪或许都是你获得事业帮手的筹码，但对有些人来说，这些不是最重要的。其实，招引和挽留人才最简单的方法是“弯下腰”请他们，并为其提供能够发挥才华的条件。

在某一年底，美国的GE公司总裁鲁本·加托夫在欧洲考察，突然，他接到一个叫杰克的工程技术人员的电话，杰克告诉他，无论员工表现好与坏，年底每一个人的加薪都一样，奖金也一样，这样有失公平。

鲁本·加托夫接到杰克的电话后很恼火，他告诉杰克，GE公司的薪酬制度是早就定好的，杰克没有资格否定它的公平性。要是不能接受的话，让杰克另选高明，他还告诉杰克，GE公司有的是人才，更不缺像杰克这样挑三拣四的人。

杰克无法忍受GE公司对人才的偏见，更不满意总裁给他的回答，他认为既然付出了努力，给公司带来了巨大的效益，就应该得到等额的回报。他相信自己应该获得更高的薪水，于是，他当即向GE公司塑胶部门主管提出了辞职。

很快，芝加哥国际矿物化学公司向杰克提出，只要他愿意加入IMC做一名化学工程师，他就能获得2.5万美元的年薪，相当于自己在GE公司的两倍。杰克略做考虑，就接受了这个职位。

但鲁本·加托夫回到总部后，就后悔不应该那样去答复杰克，他从经理那里了解到，在哈佛获得博士学位后，杰克进入了GE公司，主要从事PPO材料的研制工作，杰克解决了这种新型材料在所制定规格的颜色与展延性上的一些小问题，成功地推出PPO材料。尤其是他研制出PPO材料以后，公司塑胶部门的业绩直线上升。他也成为GE公司塑胶部门一颗脱颖而出的新星，成为众多化工公司关注的焦点，早就有猎头公司盯上他了。

加托夫意识到，自己应该留住像杰克这样的人才，并委以重用，不然对公司是一大损失。

于是，他马上打电话给杰克，真诚地表达了歉意，极力劝他留在塑胶部门。

但杰克告诉他，自己已经在去芝加哥的路上了。

“求你了，回来吧，我答应你修改公司不合理的薪酬制度，还给你3倍于现薪的薪酬作为你的年薪，工作出色后还有奖励。”鲁本·加托夫说。

“可是，我已经辞职了，好马不吃回头草，我再回去的话，同事会看不起我的，他们会说，瞧，那个杰克没人要，又回来了。”杰克没好气地说。

“我亲自接你回公司，你看怎么样？”鲁本·加托夫说。

就这样，鲁本·加托夫及时接回了杰克。他用更高的薪水诱使杰克重新回到GE公司来上班。在之后的40年内，杰克一心一意在GE公司工作。并在1981年成了公司的总裁，领导GE公司居全球企业500强中的首位。

事实证明，鲁本·加托夫留住的不仅仅是杰克的人，也留住了杰克的心。鲁本·加托夫竭力挽留杰克是个英明无比的决定。杰克在鲁本·加托夫的退步中，更加为公司卖命，使得GE公司得到了长远的发展。而40年后，杰克成为GE公司总裁，并使公司居全球500中的首位。

假如你已经取得一定的地位，也不可一味地自以为是，否则只能逼走那些有才华的帮手，相反，要是懂得委屈自己，懂得礼贤下士，懂得在人才面前低头，你获得的不仅仅是工作上的帮手，还会给你的事业带来更大效益和发展。

打是亲，骂是爱，这是你的福气

有位哲学家曾经说过："没有挨过骂的人不是一个笨蛋，就是一个懦夫。我曾经做过许多错事，受到过领导无数次的责骂，但是每次我总能从责骂声中学到一点东西。"

挨骂是每个人都会有的经历：挨父母责骂，挨老师责骂，挨上司责骂等。如果你因为这些责骂而感到非常丢脸，因此怨恨对方，那就大错特错了。所谓"打是亲，骂是爱"，有些人经常骂你，三头两头地批评你，说明他重视你，说明对方没有忽视你，可能只是"恨铁不成钢"，他可能是想你变得更好。

一般而言，即使犯了错误也没有被责骂的人，往往是被忽视的人，说明他压根儿都不在对方的心里。所以，当老板、父母和老师骂你、批评你的时候，你要换个正确的角度来想，认为他们是在培养自己、教育自己。因此，不要讨厌或害怕挨骂，更不要在老板、父母和老师的骂声中，为了一点面子而顶撞他们，正确的做法应该是低下头，用心聆听他们的教诲，妥善运用他们和自己之间"骂与被骂的关系"，促进双方的了解，从而开辟出一条光明的未来之路。

当冈村小野还是一名服务生的时候，几乎每天都要受到老板铃木先生责骂。尽管每次铃木先生都会气得把冈村小野骂得狗血喷头，但是冈村小野却一点也不生气，任由老板发泄，自己则是低着头，认真聆听老板的每一句责骂，并且在这些劈头盖脸的责骂声中得到一些启示，学会一些事情。有时，为了知道工作中不懂的地方，冈村小野会主动地寻找挨骂。每次，其他怕挨骂的服务生看到铃木先生来了，都会躲避不及，迅速地逃之夭夭，只有冈村小野恰到好处地把握机会，立刻趋身向前向铃木先生打招呼，并态度诚恳地请教说："早安！社长，您看我有做错的地方吗？"

这时，铃木先生看到一些错误的地方就会生气，然后骂起来。于是，冈村小野在聆听训话之后，必定马上遵照铃木先生的指示，改正工作上的错误之处。

冈村小野知道自己是一位年轻、资浅的服务生，平时很少有机会和老板交谈。每次铃木先生来视察工作的时候，冈村小野知道这是向老板推销自己的最佳时机。所以，铃木先生对冈田小野骂得最多，因此对他的印象就比其他任何一个服务生都深刻。每次骂完之后，铃木先生会耐心地告诉冈村小野什么地方需要注意，哪些地方有待改进以及如何改进，等等。

小野在责骂声中，不断虚心地向铃木先生讨教，就这样一直持续了两年时间。有一天，铃木对冈村小野说："我经过长期观察，发现你工作非常热情，每次都能主动挨骂，并且知错就改。在两年的工作中，你的表现非常突出，现在你已经没有什么被骂的地方了，因此，从明天开始你就是公司的主管了。"就这样，年轻的冈村小野一下子便跳升为主管，薪水也大幅度提高了。后来，铃木先生退休了，干脆把公司交给冈村小野来接管了。

从冈村小野挨骂的故事可以看出，挨骂也是一种福气。其实，在与老板接触的过程中，被老板指责和训斥，是另一种接受教育的方式。正是由于冈村小野受到了老板的不断责骂，才会把工作做得更出色，从而受到了老板的器重。

巴顿将军在成为将军之前，在校学习期间并不是一名出色的军官，而是经常出错，因此常常受到教官的责骂。

军校的训练规定是：当其他同学射击时，报靶者要趴在壕沟里，举起靶子；当射击停止时，报靶者将靶子放下，然后数清环数进行上报。在一次轻武器轮换射击和报靶训练中，当轮到巴顿报靶时，他突然萌生了一个大胆的想法，那就是看看自己能否勇敢地面对子弹而毫不畏缩。当时同学们正在射击，按照规定，巴顿应该趴在壕沟里一动不动，可是他却突然站了起来，子弹从他的头顶嗖嗖地飞过。他的鲁莽行为使得所有在场的人都吓出了一身冷汗，显然他犯了一个非常严重的错误，因此受到了教官一顿严厉的臭骂，没有严格服从规定，并且还写了检讨。从这次挨骂中，巴顿知道作为一名军人，要以服从一切命令为天职，切不可恣意妄为。

还有一次是在做电击的实验中，教官向同学们展示一个直径为 12 英寸、放射火花的感应圈，然后提问说：这样的电击是否会致人死亡？在所有人都不知道该如何回答时，只见巴顿走上前来，带着火花的感应圈在巴顿的胳膊上绕了几圈，顿时，他的胳膊感到一阵剧烈的疼痛，还好当时实验电击的电流不大，巴顿只是晕了过去。但此后的几天，他的胳膊一直是硬邦邦的。这一次，他又犯了一个严重的错误，教官整整骂了他两个小时，差一点把他开除了。在这次的骂声中，巴顿领悟到：作为一名军人，任何时候都不要轻易冒险，生命才是最珍贵的。

巴顿在无数次的错误中改进，在无数次的骂声中成长，最后成为了西点军校最出色的一名军官。

无数成功者证明，每个人都会出错，做点错事是在所难免的，做了错事挨骂也是很正常的事情。问题的关键就在于怎样看待这种挨骂，为什么有的人可以在骂声中成长，而有的人则会受不了这种窝囊气？对于想赢得未来的人来说，被指责或教训时，非但要认真专注地聆听，而且听完之后，更要面带笑容以愉悦的口吻回答："是的，我已经知道了，我现在马上就去做。"如果你能同时从诸多的骂声中学到点什么，那就又上了一个大台阶。这样，当你把挨骂当作是一种福气的时候，当他人如何骂你也不会抬头的时候，你离成功的未来就不远了。

低姿态才能为自己保留一席之地

深谙低调行事之道的人，不管位有多高，权有多重，周围有多少妒贤嫉能的人，都能在危机四伏的世界中为自己保留一席之地。

要求得发展，首先应该保全自己，自我保护是立足于世的第一步。然而从古至今，很多人都不懂得自我保护，尤其是一些位高权重、才华横溢、富可敌国之人，被自身耀眼的光芒所迷惑，没有意识到这正是祸害的起始。

郭子仪是晚唐时期的重臣，他屡立战功，被封为汾阳王之后，王府建在长安。自从王府落成之后，每天都是府门大开，任凭人们自由进出。

有一天，郭子仪帐下的一名将官要调到外地任职，特地来王府辞行。他知道郭子仪府中百无禁忌，就一直走进内宅，恰巧看见郭子仪的夫人和爱女两人正在梳妆打扮，而郭子仪正在一旁侍奉她们，她们一会要王爷递手巾，一会要他去端水，使唤王爷就好像使唤仆人一样。这位将官当时不敢讥笑，回去后，把这情景讲给他的家人听。于是一传十，十传百，没几天，整个京城的人都把这件事当作茶余饭后的笑话来谈。

郭子仪的几个儿子听了觉得大丢王爷的面子，他们相约一起来找父亲，要他下令像别的王府一样，关起大门，不让闲杂人等出入。

一个儿子说："父王您功业显赫，普天下的人都尊敬您，可是您自己却不尊敬自己，不管什么人，您都让他们随意出入内宅。孩儿们认为，即使商朝的贤相伊尹、汉朝的大将霍光也无法做到您这样。"

郭子仪收敛笑容，叫儿子们起来，语重心长地说："我敞开府门，任人进出，不是为了追求浮名虚誉，而是为了自保，为了保全我们的身家性命。”

儿子们一个个都十分惊讶，忙问这其中的道理。

郭子仪叹了口气，说道：“你们光看到郭家显赫的地位和声势，没有看到这声势背后的危险。我爵封汾阳王，没有更大的富贵可求了。月盈而蚀，盛极而衰，这是必然的道理。所以，人们常说急流勇退。可是，眼下朝廷尚要用我，怎肯让我归隐？可以说，我现在是进不得也退不得，在这种情况下，如果我们紧闭大门，不与外面来往，只要有一个人与我郭家结下仇怨，诬陷我们对朝廷怀有二心，就必然会有专门落井下石、嫉贤妒能的小人从中添油加醋，制造冤案。那时，我们郭家的九族老小都要死无葬身之地了。”

要懂得放低姿态以自我保护，这是一个真理。在社会日益激烈的竞争中，在越来越复杂的人际关系中，要想立于不败少地，除了加强自身修养，提高自身素质之外，还要注意处世方式，而且，低调做人还会让你得到意想不到的收获。

保罗是一个工厂的老板。有一次，生产线上有一个叫史蒂夫的工人喝得酩酊大醉后来上班，吐得到处都是。厂里立刻发生了骚动：一个工人跑过去拿走他的酒瓶，领班又接着把他护送出去。

保罗在外面看到这个人昏昏沉沉地靠墙坐着，便把他扶进自己的汽车送他回家。这个员工的妻子吓坏了，保罗再三向她表示什么事都没有。“不！史蒂夫不知道，”她说，“老板不许工人在工作时喝醉酒。史蒂夫要失业了。”保罗当时告诉她：“我就是老板，史蒂夫不会失业的。”

回到工厂，保罗对史蒂夫那一组的工人说：“今天在这里发生的不愉快，你们要统统忘掉。史蒂夫明天回来，请你们好好对待他。长期以来他一直是个好工人，我们最好再给他一次机会！”

史蒂夫第二天果真上班了。他酗酒的坏习惯也从此改过来了。

一年后，地区性工会总部派人到保罗的工厂协商有关本地的各种合同时，居然提出一些令人惊讶、很不切实际的要求。这时，沉默寡言，脾气温和的史蒂夫立刻领头号召大家反对。他开始努力奔走，并提醒所有的同事说："我们从保罗先生那里获得的待遇向来很公平，用不着那些外来人告诉我们应该怎么做。"就这样，他们把那些外来的人打发走了，并且仍像往常一样和气地签订合同。

保罗的低调处理获得了成功，他给了史蒂夫一次机会，史蒂夫回馈了保罗一份事业上的"保险"。这就是低调做人的魅力。

不把自己看得轻些，往往会伤得重些

我们要学会看轻自己，这并不是消极的心态，而是一种大智慧，因为只有学会看轻自己，才能没有负担地踏上人生的征程。

社会就是一个藏龙卧虎的地方，相信，在任何一个地方，都会隐藏着"高手"。所以，我们要记住"人外有人，天外有天"。所以，我们千万不要对自己有太高的评判。

我们经常能看到这样一些人，他们的头颅总是高高地昂着，给人一种盛气凌人的感觉；总以为全天下只有自己是博学多才，满腹经纶；总喜欢别人听他的大论大理。这样的人，一旦人生稍有不如意，就会抱怨这个时代，抱怨这个社会，抱怨他人不如自己却总是过得比自己好。他们之所以抱怨，就是因为把自己看得太重，导致心理失去平衡。

余再松的专业是投资管理，一次在人才市场上遇到了一位老板，老板说，他们公司虽然不大，但可以给他充分施展个人才华的空间和机会。

这个老板并未食言，余再松到公司很快就被任命为市场部的副经理，负责客户拓展。这个工作难度较大、也较重。但余再松没有胆怯，他有上进心，再加上丰富的专业技能，公司的局面渐渐打开了。并且有一段时间，余再松新拓展的客户占了公司新增客户总量的一半以上。老板很高兴，时不时拉上余再松去喝酒。公司有重要的活动，也要把余再松带上，公司里有些人私下说，余再松不久就会是市场部经理。

他踌躇满志，老板也越发器重他。这让他越觉得自己对公司很重要，甚至觉得再也无人能与自己相提并论。不久以后，市场部经理离开了公司，但是，老板并没有让余再松接替那个位置，而是花高薪从一家证券公司挖了一个人过来担任市场部经理。这让余再松非常失落，又不好直接向老板表示不满，便提出要休假。老板考虑了一会儿，同意了。

于是，余再松带着一丝报复的心理休假去了。他想，要不了两天，公司就乱套了，到那时，老板一定会哭喊着请他回去的。

一个月以后，余再松回到了公司，公司一切如故。当他去老板办公室销假时，老板放下手中的文件，站起来，笑着问："休假结束了。"

余再松终于明白了一个道理：天使能够飞翔，是因为把自己看得很轻。

任何一个自我感觉良好的人都会是那种"一叶障目，不见森林"的类型，他们往往自视甚高，觉得自己非常出色，而看不到别人的长处与优点，这样很可能把自己带进死胡同。而只有那些学会看轻自己的人，才会时刻做自我否定，不断历练自己。这些人，当面对挑战的时候，会沉着应对；当面对挫折的时候，也能一笑了之。

每个人或多或少都有自己的长处，但我们不能因为这些而陷入盲目自大的状态。只有看轻自己，凡事看淡一些，才会让自己的心态更加平和。只有把自己看轻了，才能明白自己还有很多地方是需要学习的，才能拥有不被人看轻的人生。

诗人鲁菠曾说："把自己当作泥土吧，老是把自己当作珍珠，就时时有被埋没的痛苦。"的确，如果在任何地方都老把自己当作主角，别人不仅不会接受，反而还会嘲笑你。因为这个地球离了谁都一样会转，只有看轻自己，以平和的心态面对人生的种种，才能踏踏实实地度过自己的人生。

有一位有钱的老板携团考察，上飞机的时候，见旁边有一个空位，于是就脱了鞋，还解下安全带，将脚搁在那个空椅子上。空姐见状走过去好言相劝，可是这位老板就是不听，于是空姐拉下脸不客气了地说几句。老板觉得自己在部下面前失了面子，就索性耍横，见空姐无奈，一路上得意扬扬、谈笑风生。可是到了下飞机的时候，走出来两个保安，一左一右挟了老板便走，他的部下只能瞪着眼，最后一行人在机场滞留了整整一天，解释、找关系，最后悻悻而归。

这个故事中的老板真是自讨苦吃，为什么会这样？这只能告诉人们一个道理，那就是要摆正自己的位置，别把自己看得太重。

每个人都有自己的生活圈子，在你的圈子中，也许你有一定的能力和才华，并且从一定程度上得到了周围朋友的赏识和尊重，过着“众星捧月”般的日子。但是，你在自己的小圈子里可以，如果在其他地方也摆出这样的姿态，是非常让人讨厌的。就拿这位老板来说，在他的地盘上，或许他想怎么搁就怎么搁，谁人敢吱半声？但是一旦离开他的地盘，他就只是一个普通的乘客。更何况，当领导本来就更应该注意自己的形象，要亲民随和，而他却时时处处还摆出盛气凌人的架势，不仅会被人不耻，还会落下笑柄，不但失了体面，还失了尊严和人格。所以，你要摆正自己的位置，别把自己看得太重，因为别人眼里的你和自己眼中的你，总是有那么一点差别的，那些自我感觉良好的地方，别人未必认可！

庆幸没有大场面，平凡岗位出人才

任何岗位都能出成果，出人才，出奇迹，关键看你怎么干。目标要远大，工作却是平凡的。不要抽象地追求“伟大”，而要把平凡工作做成伟大。

进入大公司，工作在重要的岗位是很多人的职业期待，认为这样才会有前途。但假如有人瞧不起你，把你放进一个小公司，负责一个平凡岗位，是不是就这样默默无闻一辈子了？不，对有些人来说，应该庆幸没有大场面，因为是平凡岗位历练了自己。

吉琳娜出生的地方是个有名的“下只角”。吉琳娜从小就从别人的眼光中看出了对那儿的鄙视。她也不喜欢那儿污浊的空气，不喜欢那儿满街的粗话，她想离开那儿。

对于“想”这一动作，有人想想就算了，但吉琳娜却不像别人那样想想就算了，她一步一步地努力着。她从不会一窝蜂地和别的女孩子上街抢购大减价的“时尚精品”，她留意着“上只角”女孩子的穿着打扮，然后自己买布请裁缝按照自己画的样子进行加工。业余时间，她也不会像别的女孩子那样逛街、聊天，她去了美术馆、博物馆，虽然刚开始不懂，但听讲解员多讲几遍，也懂得了很多东西。就是什么也不学，从里面出来，那种感觉也不一样。她还是图书馆里的常客，一开始是报上说哪本书好就看哪本书，后来慢慢地品出点味道，自己也会挑书看了。渐渐地，邻居们都有些敬重她，即使走出去也没人想到她是来自“下只角”的姑娘了。

技校毕业后，吉琳娜并没有像别的女孩那样急于嫁人，而是直接去读了夜大，拿了个大专文凭，然后换了个单位，干得不错。从此，就离开了

"下只角"。

俗话说，"龙生龙，凤生凤，老鼠的儿子会打洞"。这句话喻示着命运是天生的，但也有俗话说，"龙生九子，九子不同"，"鸡窝里飞出金凤凰"。这说明命运不是一成不变的。这两句话看似矛盾，但确实是人成长的真实写照。

我们都知道，外部环境对一个人的影响是极其深远的。因此，有的人就说：既然环境对人的影响如此重大，那我的努力奋斗还有什么意义？其实不然。外界对自己的影响是存在的，但影响的程度则是自己可以控制的，自己在自我的成长中可以起主导的作用。

有的人抱怨自己没有找到一个好的工作单位，总以为只有好的工作环境，才能出人才，平凡的工作岗位，是不可能造就人才的。

其实，各行各业的平凡岗位上，同样可以出人才。著名的厨师、出色的泥瓦匠、优秀的售货员……"泥人张"、"崩豆张"，谁能说他们不是人才呢？文凭不等于人才，三百六十行，行行出状元。

平凡与伟大是同一事物的两个侧面。从横向看，每天的工作都很平凡，但是把每一件平凡的工作做好，做得比别人好，好上加好，就创造了不平凡；从纵向看，千里之行，始于足下，一切要从平凡工作做起，努力在平凡的工作中做出不平凡的业绩。

2002年诺贝尔化学奖获得者是日本的田中耕一，他既非教授，又非硕士、博士。他只是"日本企业社会最底层"的一名普通工程师，一个名不见经传的小人物，甚至连同行专家对他也一无所知。田中很少发表论文，但他默默无闻，潜心钻研，于1987年发表第一篇论文，在高分子研究领域提出了性质界定和结构解析的原创思想。经过十几年实践，这个思想已发展成为世界感应度、精确度最高的生物高分子分析方法，受到欧美学术界高度评价，终于成为此次获奖的重要依据，诺贝尔化学奖评委主席称田中耕一是开启生物大分子新研究领域大门的第一人。

田中耕一的获奖让日本人吃了一惊，也给了我们很多启示：平凡中孕育伟大，伟大是从平凡开始的。这个道理浅显易懂，生活中这样的事例也到处可见。

成功的事业未必一定灿烂，平凡的岗位也有壮阔波澜，只要我们信念执着，只要我们激情永驻，只要我们懂得坚守，只要我们乐于奉献，平凡就会因此而光华灼灼，就会因此而熠熠生辉。不要轻看那一滴水、一粒种子、一缕阳光、一颗小小的螺丝钉，正是这点点滴滴、丝丝缕缕、颗颗粒粒，汇集起来，灌溉的是良田万顷，照亮的是芸芸众生，哺育的是新的生命，而守护的正是锦绣中华，朗朗晴空！

对别人恭敬，就是在庄严你自己

就我们个人而言，只有表现出了对身边各种人的尊重和礼遇，才能得到他们的好感，才能得到他们的友情、亲情和爱情，也只有这样我们才能在成功的路上不会为“情”所困，被束缚住手脚。

物理学上有这样一组概念：作用力与反作用力！原理很简单：当一个物体在对另一个物体施力的时候，另一个物体也会对施压的物体回以对等大小的反作用力。这个原理在其他领域中也同样适用。这也就是我们常常所说的“你想得到什么，就一定要先付出什么”。如果你想得到别人的尊重，那么首先你就需要对别人尊敬！

马克思主义哲学说得好：人是一切社会关系的总和。既然这样，那么在现实生活中，不管是同事、朋友、夫妻、婆媳等社会关系，都是我们作为人所必须要经营的。而如果我们要处理好这些关系让自己在成功的路上没有负担，生活开心幸福，我们就首先要为自己想得到的回馈而付出。

春秋时期，孔子在家收弟子开坛讲学，引起了鲁定公的重视，应鲁定公邀请孔子也会经常到宫中讲学。季府的总管阳虎也特别想要借此机会拜访孔子，可是每次孔子都借故不见他。直到后来某次，阳虎得知孔子最讲究礼尚往来，于是他特地在拜访孔子时给他留下一只烤乳猪，但并没有强求孔子见他，后来孔子果然提着礼物来回访他了。

当然了，这里并不是提倡人们都去走后门送礼，而是想说明这样一个道理：看完这则小故事，我们不难发现一个问题，那就是在中国人的传统习惯里，人际交往中，大部分的人心里都是有“礼尚往来”倾向的。很少有人面对别人的尊重和恭敬会认为是理所当然的事情。如果他真的那么做了，那么后果很简单，就是不会再有人尊敬他。

约翰逊曾说：“礼貌像只气垫：里面可能什么也没有，但是却能奇妙地减少颠簸。”的确，很多时候礼貌具有很多人意想不到的作用。而对于国民来说，对人恭敬、富有礼仪一直是中华民族的传统美德。

公元前521年，孔子的学生宫敬叔奉命前往周朝京都洛阳去朝拜周朝天子。那时周朝的守藏史是老子。孔子是个谦虚好学的人，早闻听老子的博学想向他请教“礼制”学识。于是，向鲁昭公请求，希望自己能同学生一起去。鲁昭公批准了。

到达京都的第二天，孔子没来得及好好休整，就徒步前往守藏史府去拜望老子。老子当时正在屋里书写《道德经》，他听说誉满天下的孔丘前来求教，忙放下手中的刻刀，整顿衣冠出迎。孔子见大门里走出来一位年逾古稀、精神矍铄的老人，料定是老子，便急趋向前，恭恭敬敬地向老子行了个弟子礼。等进入大厅后，孔子再次向老子行了师徒之礼，然后才坐下。后来，老子问孔子为何事而来，孔子避席，道：“我学识浅薄，不懂古代礼制，特来向老师请教。”孔子的恭敬让老子对他更是刮目相看。于是，老子把自己所知道的礼制，一五一十地全部都告诉了孔子。

从这一个古代的小故事中我们就可以看出：尊重与礼貌都是相互的。如果老子不是一个懂礼节的人，大名鼎鼎的孔子就不会慕名前来拜访；反过来，如果孔子不是一个懂礼节的人，老子也不会心甘情愿地向前来求教的孔子教授礼制。

或许有人会反驳说文中的这个例子并不能说明什么，因为这件事情发生在向来注重社交礼仪的古代中国。在那时，文人学士之间互相尊重是基本的生活礼节。那让我们来放眼看看世界上其他国家曾经发生过什么样的故事吧，我们举个现代的例子。

美国总统奥巴马去日本皇宫拜见了明仁天皇夫妇。报上及时登出了他当时与明仁天皇夫妇见面时候问候的照片，这张照片顿时引起了轰动。

因为从照片上可以看到，个子高高的奥巴马正在与矮小、苍老的日本明仁天皇握手。但是仔细研究细节我们就会发现，身材高大的奥巴马在个子低矮的明仁天皇面前几乎显得身材相当。因为奥巴马几近九十度地弯腰，使自己的背部高度比明仁天皇矮下去很多。再看他的眼神，他并没有直起眼睛与天皇对视，而是眼光直视地面。从他的表情和姿态，稍微有一些社交礼仪常识的人就可看出：他是非常谦卑和恭敬的。

通常情况下，除非受过传统的宫廷训练，否则很少有人可以优雅地表现传统晋见君王的礼仪。从中，我们也可以看出：前往日本拜见天皇的奥巴马是一个异常聪明的社交家。从他与日本天皇握手的这一幕我们就可以看出，他试图从礼节上以低调的优雅来拉近与天皇之间的距离。因为他懂得自己想要得到什么就必须先付出什么这个道理。现实证明了他的构想，他表现出的礼节让他在日本东京受到了热烈欢迎，访问十分成功。

人，是社会动物。既然是动物，就存在喜怒哀乐；而又是社会动物，那就必不可少地存在对名对利的追逐。也就是我们所谓的对精神文明的重视。社会心理学研究表明：人都是渴望被重视，被赞同，被认可，被尊重的，这是人的本性。而要获得这些精神产品，就必须也要符合大自然发展规律所讲的“一分劳动一分收获的”原则。只有自己也对别人付出了同样的尊重，认可，赞同，重视，这些精神产品才会涌向希望得到它的人们。这也就是我们常说的“种瓜得瓜，种豆得豆”。

人生需要非原则性地适度退让

退让用来对付那些强大的对手是最有效的，为了一方的安宁，或者是社会的太平，有时侯，选择非原则性地适度退让也是一种明智之举。

当与强大的敌人针锋相对时，聪明的人一般会选择退一步，把自己伪装起来，用表面的软弱现象迷惑对方，使对方放松对自己的警戒。另一方面，暗中积蓄自己的能量，进攻对方最松懈的地方，并一举获胜。对于那些盛气凌人的人，更应该采取这样的方式，否则，不但会闹得鸡犬不宁，更多的是两败俱伤。当然，把握好退让的分寸，应是关键，

用以退为进来迷惑对方，沉下自己的意志，为找出对方更大的漏洞而等待时机，正如列宁所说的“为了更好地一跃而后退”。一旦发现机会，应奋力还击，以打消对方的嚣张气焰，这不正为自己的退让赢得了一大步的前进吗?

在1805年奥斯特利兹战役和1807年弗里兰战役中，俄军被法军打的大败，实力大大减弱，刚登基的亚历山大一世为重整旗鼓，与拿破仑展开了新的较量，他使用了新的“壮举”，卑躬屈膝地讨好对方，处处表现出退让的姿态，以屈求伸。

1808年，拿破仑决定邀请亚历山大在埃尔特宫举行会晤。这次会晤，是拿破仑为了避免两线作战，用法俄两国的伟大友谊来威慑奥地利。

亚历山大认为目前俄国的力量不足，还必须佯装同意拿破仑的建议，

并向他“献媚取宠”，然后争取时间，妥善做好准备，时机一到，就从容不迫地促成拿破仑垮台。

有一次看戏，当女演员背伏尔泰《奥迪普斯》剧中的一句台词，“和大人物结交，真是上帝恩赐的幸福”时，亚历山大居然庄重地说：“我每一天都深深地感到这一点。”这使拿破仑非常满意。

又一次，亚历山大有意去解腰间的佩剑，发现自己忘了佩带，而拿破仑把自己刚刚解下的宝剑赐给亚历山大，亚历山大装作很感动，热泪盈眶地说：“我把它视作您的友好表示予以接受，陛下可以相信，我将永不举剑反抗您。”

1812年，俄法之间的利益冲突已经十分尖锐，亚历山大认为俄国这时已经做好准备，于是借故挑起战争，并且打败了拿破仑。

亚历山大和拿破仑的这段历史，让我们知道这是一个典型的“以退为进”策略在战役中的应用。自己非心底的适度退让，致使对方放松了警惕，而在暗中壮大自己的势力，用假象和时间来缓冲自己的薄弱环节，寻找机会，战胜对方。

有的时候适度的退让，也是一种高尚，是被人尊重和赞扬的，不妨看下面的例子：

荷兰的一位农场主，拥有大量的财富和土地，他自己又是一名医生，已经习惯了救死扶伤，他一生当中掏出了一半以上的积蓄给了那些需要帮助的穷人们，周围几百里的穷人都慕名而来。最讨厌的是那些不求进取的人，今天来了，明天又来，把他那里当成了家，没有了就来要，有病了就要药。医生给他们一块土地，并给种子和工具，然而，最终还是被荒芜掉。还有人到医生家里来实施抢劫和掠夺。

有一天，医生在梦中被叫醒，竟然看到一把尖刀正对着自己的胸口，他并不害怕，并告诉那些人：“我的钱就是土地……”还没有等他把话说完，歹徒就把他的嘴堵上，绑在了床上，抢走了他的一款手表和一些现金。

医生也曾生气过，但是，他还是退一步想，再给其第二次、第三次机会。终于，他看到有人把地经营得很好，并拿着赚来的钱做起了生意，后来也成为一位富翁，并把医生的传统继承了下来。在医生的感化下，在他的家里，慢慢的很少再有那些穷人的身影，大多是曾经被他帮助过的人前来拜访的。

后来，当这位医生死的时候，方圆几百里的乡亲们都表示了哀悼，并把他当作英雄一样地景仰着。

医生的友好、善良，无不显示出“退一步海阔天空”的高尚，同时他的忍让和退步，也教会了那些不思进取的人，对于他们来说，医生最终还是胜利者。

第五章　感谢敌视你的人，对手会让你奋斗不息

古人说：“生于忧患，死于安乐。”所以，轰轰烈烈的人生需要对手。没有对手，很多人就会不思进取，对手犹如你身后的一匹狼，让你快速地跑到成功的终点。感谢对手的打击、嘲笑、追逐甚至是扼杀，因为他们让你奋斗不息，让你越来越强大。

在这个竞争的世界，人生不能没有对手

有了对手的存在，我们才能变得越来越强。为了超越他们，我们会付出更多的努力与汗水，在这些努力和汗水中，我们才能更加接近成功。

人生离不开对手，可以说，对手既是我们的挑战者，也是我们的同行者。当我们萎靡时，是对手唤起了我们的斗志；当我们懈怠时，是对手促进我们勤奋；当我们停滞时，是对手促使我们进取；当我们自满时，又是对手给我们当头棒喝。在人生的路途中，对手就是这么不离不弃地“关怀”我们。虽然很多“关怀”并非出于他们本来的意愿，但毫无疑问，是对手，加速了我们前进的脚步。所以，在这条漫漫的人生路上，我们需要对手。

这其实很容易理解，在大多时候，对手起的是一个“标尺”的作用。对手是我们的竞争对象，无论做什么工作，我们都愿意超越对手。那么，当看到对手跑得更快的时候，我们能无动于衷吗？很显然，只要是稍微有些进取心的人，都不可能坐视对手超越自己，会奋起直追。有了对手，才有危机感，才有竞争力。有了对手，才不得不奋发图强，不得不革故鼎新，不得不锐意进取，否则就只有等着被吞并、被替代、被淘汰。

对手与我们一起被放在了生活天平的两端，互相验证着对方生命的价值。一旦没有了对手，那么天平就会失去平衡，而我们自身生命的重量也失去了凭据和依靠。对手还和我们共同组成了一个人生的磁场，让所有的美丽和人生价值都在这个磁场中尽情释放。我们可以和对手相互排斥，但却绝对不能失去。

也许我们会觉得，人生如果没有对手，那将永远都是晴天。没有对

手，将没有汗流侠背的你追我赶，更没有剑拔弩张的针锋相对，那么我们就可以轻松走向成功。但实际上，对手是我们走向成功必不可少的因素。

日本北海道出产一种味道珍奇的鳗鱼，海边的很多渔民都以捕捞鳗鱼为生。遗憾的是，鳗鱼的生命非常脆弱，它们习惯在深海中生活，因此只要一离开深海区，过不了多久，这些鳗鱼就会全部死亡。死了的鳗鱼当然卖不上好的价钱，渔民们深以为忧。

但奇怪的是，有一位老渔民天天出海捕捞鳗鱼，每次返回岸边时，他的鳗鱼总是活蹦乱跳的，没有一条死鱼。和他同时出海的其他渔民，想尽了各种办法，无论怎样处置那些捕捞到的鳗鱼，都无法使它们活到上岸。

在当地活鳗鱼的价格非常的昂贵，几乎要比死鳗鱼贵到一倍以上。所以没过几年，老渔民就挣了不少钱，成为远近闻名的富户。而和他一起捕捞鳗鱼的那些渔民们，生活环境并没有改善多少，只能维持简单的温饱。

老渔民在临终之时，把这个秘诀告诉了儿子。原来，老渔民使鳗鱼不死的秘密很简单，那就是在装鳗鱼的鱼舱中放入几条鲶鱼。鲶鱼和鳗鱼是天生的对手，所以鲶鱼一到鱼舱，就会四处游走和鳗鱼打架，而鳗鱼也调整了自己的状态，来应付鲶鱼的攻击。正是因为有了对手，所以鳗鱼爆发出了顽强的生命力，活了下去。

这个故事很多人都知道，但是其中阐述的道理，我们懂得了吗？为什么没有对手的鳗鱼会死亡？为什么有了对手的鳗鱼，反而可以生存下来？是因为对手刺激了它们，成了它们活下去的动力。这些鳗鱼要想在鲶鱼的进攻下生存，就必须爆发出比鲶鱼更强的生命力，正因为如此，它们脆弱的生命体质才得以改善。

许多人都把有了强劲对手看作是自己的晦气，觉得因为有了这么一个对手，自己不得不付出更多。他们甚至会把对手视为心腹大患。但他们却从来没有想过，自己的人生中有了这个对手，才是自己的一种福分，一种造化。因为有了对手，我们会有一种危机四伏的感觉，会激起更为旺盛的斗志，会想方设法活得比对手更为精彩。

两位画家在书画界都非常出名。有意思的是，这两个人虽然不相往来，但却会密切注意彼此的一举一动。他们谁也不服气谁，还经常互相指责，互相批评。如果一个人说："他最近的一部作品，布局一点也不协调，简直就是涂鸦。"另一个人就会接着说："他的这部作品很差劲，苍白无力，乱七八糟，不知所云。"

不过，虽然"战火"不断，但是两个人的优秀作品却是层出不穷，一幅接着一幅。

一次，其中的一位画家为了赶上一个国际画展，在工作室里埋头奋斗了两天两夜。除了绘画以外，他什么事都不管，什么人都不见，甚至连吃饭睡觉都在工作室里。画作快完成了，一个朋友来给他道喜。当时他正在修饰画中人物的表情，看到朋友来了，连忙拉着朋友欣赏自己的画。

他忽然指着刚才修饰的地方对朋友说："我的那个死对头，一定会在这里挑我的手病。"朋友很是不解："我不明白，你既然知道他会在这里挑毛病，为什么不画好呢？这样，他就没有毛病可挑了。"

画家哈哈一笑，说："告诉你个秘密，这是我画画的绝招。其实我是故意这么画的，目的就是为了让他批评。如果他不批评了，我就没有画画的创意了。"

朋友一愣："这我可真不明白了，也许你说得对。不过，我要告诉你一件事，在你画这幅画期间，你的那位死对头，因为一场意外的车祸去世了。"

画家呆住了，手里的画笔掉到地上也不知道。过了良久，他才叹了口气对朋友说："没有了这个对手，我今后再也不能画出独具创意的画作了。"

从此以后，他真的再也没有画出过独具创意的画作。他的灵感，没有了对手的激励，再也不能挖掘出来了。

一种没有对手的生物，一定会是死气沉沉的生物；一个没有对手的民族，一定会是一个不思进取的民族。同样，一个没有对手的团队，一定会是一个松散的组织；一个没有对手的人，一定无法走向成功。

人生中只有存在对手，才会不知疲惫地向前冲刺。在很多时候，对手就像是一个凶神恶煞的教练，拿着鞭子在后面狠狠地抽打着我们，让我们前进。他们会让我们疼，会让我们痛。但是，他们也同样会让我们从平庸走向成功。

一个好的对手，是你向前的动力

无论何时何地，无论在哪里，也无论是什么样的人，都需要对手带来的动力，向前奔跑。

在很多时候，我们会因为对手的强大而恐惧，这种恐惧源自一种本能，一种害怕被对手打倒的本能。但是我们也知道，这样的恐惧解决不了任何问题，要想把这种恐惧抹去，不再害怕被对手打倒，惟一的途径是，我们比对手更强。于是在这个时候，我们就找到了奋斗的方向，那就是比对手更强，超越对手。这是一种发自内在的能量，一旦点燃，将会产生惊天动地的反应，带着我们飞速狂奔。

康熙大帝在继位执政60周年时，曾兴办了一个闻名于后世的“千叟宴”。在热闹的宴会上，康熙兴致很高，当着众人的面，他敬了3杯酒。第一杯酒敬孝庄太皇太后，感谢孝庄辅佐他登上皇位，一统江山；第二杯酒敬所有大臣和天下百姓，感谢大臣齐心协力为国尽忠，感谢百姓辛勤劳作为国尽力。两杯酒敬毕，群臣山呼万岁。

康熙端起第三杯酒说：“这杯酒有些不一般，敬的是朕的敌人，吴三桂、郑经、噶尔丹以及鳌拜。”大臣们听到康熙如此说法，尽皆愕然，不知道他到底是何用意。康熙看到大臣们的神情，微微一笑说：“他们是朕前进的动力，是他们逼着朕建立了丰功伟绩，没有他们，就没有今天的朕。所以，朕感谢他们！”

直到今天，康熙的这些话仍然值得我们深思。我们翻开历史发现，从某种意义上说，的确是吴三桂这些敌人，让康熙建立了自己的丰功伟绩。在历史上康熙皇帝是一个明君，他的聪明之处就在于，可以清晰地知道自己的能力和对手的能力，从而采取正确的做法。他知道吴三桂有多强大，也知道郑经、噶尔丹和鳌拜有多强大。这些对手的强大成了他前进的动力，因为他知道，自己如果不强，就无法消灭对手。所以，他才会有强大自己的勇气。

一家动物园从国外引进了一只非常凶悍的美洲豹供人观赏。为了更好地招待这位来自远方的“贵客”，动物园的管理员们为它提供了特殊的服务。不仅专门为它准备了精美的饭食，而且还特意为它准备了一个很大的活动场地，以方便它在里面游玩。

这些似乎都不能引起美洲豹的兴趣。它终日里闷闷不乐，无精打采。管理员们认为，它一定是想家了，等到在这里熟悉之后就会好起来。可是3个多月过去了，这位贵客还是老样子，每天都无精打采地趴在阴凉之处，甚至连饭也不想吃了。

再这么下去，它肯定就会死去。万般无奈之下，管理员请来了兽医为它诊治。然而让人纳闷的是，检查来检查去都没有发现有什么病症。这是怎么了？

正当管理员们束手无策的时候，有人提出了一个建议，那就是在美洲豹的活动场地里放几只美洲虎，或许有些希望。这个人之所以会提出这样的意见，是因为他无意中发现，每当有老虎经过时，美洲豹总会站起来，怒目相向，严阵以待。

抱着试试看的心理，管理员们在美洲豹的栖息之地放进了几只美洲虎；果不其然，有了对手的加入，美洲豹很快就变得活跃起来，又恢复了往日的威风。

不只是我们人类，即便是在自然界里，对手也会成为前进的动力。没有了对手作为前进的动力，美洲豹在衣食无忧的情况下，居然连生存下去的动力也没有了，这是多么让人震惊和感叹。对手对于我们前进路上的影响，由此可见一斑。

在人生的旅途中，我们需要一个能和我们势均力敌、相互搏击的人，一个真正的对手。想想看，平静的海面能磨炼出真正的舵手吗？当然不能！只有到险滩暗礁中去探索，去惊涛骇浪中闯荡，才能成长为一个力挽狂澜的舵手。而正是对手，给我们创造了这样一个险象环生的训练场地。在这个场地里，我们得以成长。我们看到，只有自己可以轻松驾驶这艘船的时候，才可以履险如夷。

一位搏击高手参加锦标赛，以为自己稳操胜券，一定可以夺得冠军。出乎意料的是，在最后的决赛时，他遇到了一个非常强悍的对手。

这个对手的实力之强，能力远远超出了他。在对打的时候，他甚至找不到对方招式中的破绽，这也就是说，自己无处下拳。对于一个拳击手来说，这是最糟糕的事情，找不到对手的破绽，却不得不承受对手的攻击。

比赛的结果可想而知，那就是他输掉了比赛，失去了冠军奖杯。

他垂头丧气地找到了师父，告诉了师父比赛中发生的一切，并将比赛中对方的一招一式都演示给师父看。他的用意很明确，是想让师父帮自己找到对手招式中的破绽，然后从这些破绽入手，练出足以克制对手招式的新招。他认为只有这样，才能在下次比赛时打倒对方，重新夺回冠军。

师父看了他所演示的招式，却并没有从中寻找出破绽，只是笑着在地上画了一条线，对他说："先把对手的招式放在一旁。你想想，怎么才能在不擦掉的情况下，让这条线变短？他百思不得其解，实在想不出可以用什么方法，只得再次向师父求教。

师父没有告诉他任何方法，只是在地上的线旁边随手又画了一条更长的线。一长一短两条线一比较，原来的那条线，看起来确实显得短了很多。

师说郑重地对他说："要想打赢对手，找到对手的弱点是一方面，但最重要的，还是要让自己变得更强。正如地上的长线一样，只要你比对手更强，那么对手自然就成了那条短线，不足为惧了。从对手身上吸取前进的动力，使自己更强，才是解决问题的根本。”

这个拳击手明白了师父的意思，把对手当成了自己前进的动力，以超越对手为目标，刻苦练拳。终于，在再次的锦标赛中，他打败了对手，一举夺得了冠军。

在这个故事中，我们可以很容易看出，对手，其实就是刺激人生前进的灵丹妙药。有了好的对手，我们就等于服下了神奇的药丸，可以不知疲倦地奔向前方，追上对手，超越对手。

在生活中我们需要对手，在工作中我们也需要对手。看到竞争对手的工作比我们完成得更好，我们有动力了吗？看到竞争对手比我们跑得更快，我们有动力了吗？我们一定会有，因为竞争对手告诉我们：“快来吧，只要跑得再快一些，就可以追上我们。”这些话语比任何鼓励都更有效，也更有力，刺激着我们快快奔跑。

其实从这里也可以看到，那些刺激我们快跑的对手，也是我们生命里的贵人，值得我们用心去感激。就算，他们让我们感到疲惫，感到为难，甚至感到恐惧，那又有什么关系呢？毕竟，他们给了我们前进的动力。

有个对手，你的人生才有垫脚石

古人说：“下棋要找高手，弄斧须到班门。”我们要想更进一步，取得更大的发展，就必须要有对手作为动力，否则只会萎靡不振。

对于每个人来说，对手永远都是与自己相对立的，他们似乎就是自己眼前的障碍、希望的阻碍和自标的争夺者。更有甚者，他们还会是苦难的缔造者，给我们的人生之路带来诸多不便与坎坷。所以在很多时候，对手在一些人的眼中，成了敌人的近义词，他们习惯用充满敌意的眼光来看待对手。真的应该如此吗？

答案自然是否定的，这实在是一个很大的误区。对手不是我们不死不休的敌人，他们可以是我们的同行者，可以是我们的挑战者，也可以是我们的良师，更可以是我们的益友，但却无论如何不会是我们欲除之而后快的敌人。对手和敌人，其实是两个完全不同的概念，我们不能将其混为一谈。

对手会给我们带来很多好处。因为有了对手，我们的生活才不会像白开水一样平淡乏味，而是变得多姿多彩、七彩斑斓；因为有了对手，我们的人生才不会像温室中的花朵一样脆弱易落，而是变得越来越坚强；因为有了对手，我们的工作能力会越来越强；因为有了对手，我们的快乐会悄然增多。那么，这样的对手，为什么不值得我们去感激呢？

当然值得我们去感激。对手其实就是一面镜子，可以照出各种不同的自我。感觉生活像白开水一样乏味，没关系，和对手斗智斗勇的过程，让我们意识到人生的张力；感觉工作能力不强，没有关系，追赶对手的时候，我们的能力会变得越来越强；感觉不快乐，没有关系，当超越对手走向成功后，我们会享受到成功的喜悦。这些，都是值得我们真心感谢对手的原因。

有一个很有意思的比喻，有人把对手比作一杆指着自己的枪，本身有形，却会给自己带来一种无形的压力。这种无形的压力会逼着自己向前奔跑，一丝也不敢怠慢，直至超越对手，走向成功。对于这种说法，我们深以为然，但是却更喜欢站在理性的角度上来看待对手。与对手的对比才会让我们感到存在的价值，对手的实力使我们感受危机，而危机的警觉才能增长我们的能力。对手给我们的感觉常常是咄咄逼人的为难，但想明白了，我们才发现，这种“为难”其实只是一场拔河较量。即便是输了，我们也会从中学到很多东西。所以无论如何，我们都要感谢对手。

一个女孩子不知道怎样迈开人生的脚步，非常的抑郁和失望，整天失魂落魄。从她憔悴的眼神中，人们可以看出她心中隐藏了很多的悲伤和痛苦。她不喜欢和大家在一起，总是一个人默默地待在旁边，不言不语。有朋友看见她这样，就疑惑地问："你怎么会这么不开心呢？"

她哭了，对朋友说："我很无助，不知道自己每天都在干什么，生活一片茫然，甚至找不到前进的方向。我该怎么办呢？"朋友摇摇头，表示不能理解。女孩继续说道："我也不知道自己是怎么了，忽然间对一切都失去了兴趣，特别是学习。你说，我为什么要去学习？学习不好又能怎么样呢？所有的事情对于我来说都没有了意义，做与不做，做得好与不好已经没有分别。我在想，我们辛辛苦苦地追求到底是为了什么？金钱吗？荣誉吗？地位吗？我不在乎，我已经对生活失去了信心，没有了动力，这样的生活很难受。"说完又抽泣起来。

很明显，她没有了对手，失去了人生的航向。

朋友笑了，对她说："你的问题很容易解决，只需要寻找一个对手就可以了。你可以试着和她比比，甚至向她进攻，学着怎样才能战胜她。相信我，在你努力战胜她的过程中，你会找到人生的目标，找到人生的快乐，你不会再有寂寞，不会再有空虚和失落，取而代之的，是充实的生活和高昂的斗志。当然，你还会不畏艰险、不怕苦地拼命向前冲，超越对手，奔向更大的目标，直到取得更大的成功。"

她听从了朋友的话，给自己找了一个强劲的对手。果然，她的生活又变得多姿多彩起来。虽然有了对手的日子并不好过，但在那些奋斗拼搏中，她渐渐找到了生活的目标，找到了人生的航向，走向了成功。

故事中的女孩因为没有对手，甚至一度失去了生活的目标和人生的航向。是对手，给了她前进的动力，让她走向了成功。所以，她应该感谢自己的对手。而我们，也需要感谢自己的对手。

其实在工作中，很多时候对手并非是由我们刻意寻找而来，只是他们恰好站在了我们的对立面上。他们或许和我们做着同样的事情，奔向同样的结果；或许和我们做着相反的事情，却有着同样的目的。这个时候，我们就需要和他们比赛“脚程”，快者生，慢者死。为了可以比我们先到达目的地，他们可能会竭尽全力地奔跑，也有可能会无所不用其极，用尽各种方法，有些方法甚至会让我们大受其害。这样的对手对于我们，其实就是一种真真正正的为难了。那么，对于这样的对手，我们还要心存感激吗？

即便是这样的对手，我们还要心存感激。因为他们的为难甚至是打压，只是在给我们力量，在教我们怎么才能把自己的能力提升至更强。我们要明白的是，无论他们怎样为难我们，只要我们能力足够强，那么一切难题就都可以迎刃而解，不足为惧。他们对我们的打压，反倒成了我们成长的动力。

所以我们说，无论是什么样的对手，他们都没有为难我们，只是给了我们一种奋进的力量，让我们可以沿着那条蜿蜒曲折的小径，悄然向前。

感谢对手，因为他们的存在，我们才可以变得杰出和成功。在我们迷茫时，是他们给我们指明了目标和方向；在我们困惑时，是他们给我们以启迪和方法；当我们骄傲时，是他们让我们头脑清醒；当我们成功时，是他们告诉我们要怎样坚持和继续。对手其实是我们的发动机，他们永远都会给我们提供源源不绝的动力，帮着我们在人生的山路上越攀越高。

背后有“狼”追，你才会跑得更快

现实生活中，狼就是我们的竞争对手。对手，对我们来说，是挑战者，也是同行者。正是因为对手的强大，我们才会让自己也不断强大。

生活中，很多人往往有这样的感受：自己做工作的时候，想到工作做不好，自己的对手可能会出现的张牙舞爪的表情，就会咬紧牙关做好工作；想到自己把工作做好，自己的对手沮丧的样子，也会希望自己把工作做好，并且做得比对手更好。对手是我们前进的动力。“狭路相逢勇者胜”，也正是由于对手的存在，才使我们认识到自己的不足，才使我们认识到要发展自我。对手就犹如一面铜镜，能照出我们的不足，并激励我们不断学习、不断发展。

一位名不见经传的年轻人获得了马拉松比赛的冠军，值得一提的是，这是他第一次参加马拉松比赛，并且，他的成绩还打破了世界纪录。他冲过终点后，新闻记者蜂拥而至，将他团团围住，不停地问他：“你是如何取得这样好的成绩的呢？”年轻的冠军说道：“因为我的身后有一只狼。”

事情是这样的：

3 年前，这个年轻人开始练习长跑，训练基地的四周是崇山峻岭。他每天凌晨两三点钟就起床，在山岭间开始训练。他非常累，觉得自己已经付出了最大的努力，而进步却很小。

有一天清晨，他在训练的途中，突然听见身后传来狼的叫声，开始是零星的几声狼嚎，好像距离很远，但狼嚎的声音越来越近了。他知道有一只狼把他盯上了。于是，他开始没命地奔跑。那一天，他训练的成绩非常好。教练问他原因，他就把听见狼嚎的事情告诉了教练。

教练笑着对他说：“原来不是你不行，而是你身后缺少了一只狼。”

从那以后，每次训练，他都想象着自己的身后有一只狼在紧紧追赶。

很多时候就是如此，我们不能成功的原因不是由于我们没有天赋，而是因为我们身后缺少一只让我们拼命向前的狼。

姚明刚刚进入美国职业篮球大联盟的时候，很是失败，同他对战的许多对手，比如“大鳖鱼”奥尼尔就不把他放在眼里。姚明根据对手的特点，分别制定不同的训练计划，逐渐找到了克敌制胜的办法，对手也逐渐对他重视起来。经过几年的历练，姚明一步步成长为全联盟的顶级中锋。

阿里巴巴宣布进军C2C时，马云说："Google是世界一流，百度股票涨到200多美元，这样的对手才是值得超越的。我要告诉大家，碰上优秀的对手是你的幸运，是你的企业腾飞的必要所在。没有优秀的对手，那这个行业也必定是个瘫痪的行业。"

2002年7月之前，邵亦波等"海归派"一直是中国国内C2C在线拍卖领域的龙头老大。当时的市场局面是：国际上有全球C2C霸主eBay网，在2002年3月，以3000万美元购买"易趣"33%的股份，而仅仅是3个月之后，eBay网又向"易趣"追加1.5亿美元投资，收购余下67%的股份，实现对"易趣"的完全控股。就这样，由邵亦波等人在1999年创办的"易趣"，在互联网这个行业"赢家通吃"规律的作用下，成功地实现了两"易"的合并。

但马云并没有被这种阵势吓到。在这之前，马云就率领他的团队在杭州开始秘密地制造另一个C2C网站，准备挑战这个行业的霸主。2003年7月，马云带领阿里巴巴团队先后在杭州、上海、北京3地召开"阿里巴巴投资淘宝新闻发布会"，正式宣布：阿里巴巴投资1亿元，进军C2C领域。

虽然很多人认为这支"敢死队"是吃了雄心豹子胆，但是，马云这么做并非一时冲动，而是经过深思熟虑之后的战略抉择。多年之后，马云在接受《第一财经日报》的采访中说："其实我们为进军C2C市场准备了8～10个月的时间，确实成立了一个部门来专门运营这项工作。去年已经有很多大型品牌厂商进行了很多尝试，大概两三个月以前，就有很多的厂商进来开店，他们都反映效果非常好，才促使我们现在推出来。"

"没有岩石的拦阻，哪能激起美丽的浪花，每个成功的背后，都有着无数汗水和血泪。每个强者身后，也总有一帮顽强的对手。现实中，有许多人把对手视为眼中钉、肉中刺，总想把对手给消灭掉。其实，拥有对手也是一件可喜的事。对手既是我们的挑战者，更是我们的同行者。

“敌人”越强大，自我成长越迅速

“敌人”唤起我们的斗志，对手促使我们进取，“敌人”帮助我们更上一层楼，使我们变得更加完美，最终，“敌人”把我们送上了领奖台。因此，我们应该感谢“敌人”。

面对强大的“敌人”，很多人可能会愤恨地以为：“他夺走了本该属于我的一切！”实际上，我们的一切不是别人夺走的，而是由于我们自身的弱小，让自己失去了一切。让我们倒下的不是敌人，让我们认输的只有我们自己。明白了这一点，就能明白，有时候，有更多的敌人比有更多的朋友更好，因为面对敌人时的紧迫感和压力感让我们提高警惕，进而能够修正自己、完善自己，让自己最有效地防止敌人不择手段的打击。

挪威著名的剧作家易卜生把瑞典剧作家斯特林堡的画像放在桌子上。值得一提的是，斯特林堡并非他的偶像，而是他同时代的“敌人”，与他竞争剧作脚本。易卜生一边写作，一边看着斯特林堡的画像，从而激励自己更加努力。易卜生对人解释说：“他是我的死对头，但我不会伤害他，而是把他放在桌上，让他看着我写作。”

优胜劣汰是谁也无法逃避的自然法则，这个法则公正而又残酷。在这个法则之下，很多物种被敌人打败，葬送了生命，但也正是在这个法则之下，很多物种不断让自己强大起来，最终赢得了生存的空间。人类社会中也是一样。俗话说：“同行是冤家。”我们应该庆幸有冤家、敌人。因为面对强大的敌人，我们更能强化自己，提高自己的竞争能力，让自己成长得更加迅速，为自己赢得生活能力。

当我们生活安逸、没有强敌的时候，没必要为此高兴，要知道，这个时候我们正在逐步丧失刷新自我的力量。

霍利菲尔德因打败拳王泰森而成为新一代的拳王，泰森却因为做出咬人耳朵的不耻行为遭到禁赛。霍利菲尔德因为缺乏足以和他较量的对手，而失去了很多观众，他的收入也大打折扣了。霍利菲尔德感到，和自己的敌人泰森比赛的日子是自己最风光的时候，于是，他开始公开表示支持泰森复出。

战场上，只有把敌人杀死，自己才有生还的希望；生活中，只有不断让自己保持警惕，提升自己，才能保证自己立于不败之地。而强大的敌人总是给我们敲响警钟。

迈克尔·戴尔从小就拥有计算机天赋。戴尔曾经在自己15岁生日时买了一台苹果II庆祝，但他把它拆开了。通过拆装不同的电脑，戴尔开始分析各大厂商的优劣，经过深思熟虑之后，于1984年，开始从事商业。他改进了IBM的计算机，并且能够以低于IBM的花费做相同的事。戴尔利用IBM销售的不合理性，以低于IBM经销商的价格购买库存过剩的计算机。他升级了这些计算机，然后销售它们，直接和其进货的正式销售商竞争。通过这种方法，戴尔的公司不断发展壮大。

然而当时戴尔公司的头上有两座大山——康柏和IBM。戴尔不断地分析这两大公司的优缺点，它们在不同时刻的不同走向。戴尔要求员工：“我们的目标是被客户谈起，就像对康柏和IBM一样。”戴尔最早的职员说：“这个观点从来就没有动摇过。”

2007年，惠普凭借着庞大的零售合作伙伴网络，抢占了戴尔多年来“直销”方式的巨大份额。迈克尔·戴尔随即宣布与全球零售业巨头沃尔玛合作，用“超市销售PC”。戴尔表示，为了帮助公司恢复销售额增长，他将向竞争对手借鉴经验。“就像是从前的戴尔公司一样。”戴尔说。

拥有强大的“敌人”并不可怕，没有“敌人”才可怕。只有“敌人”才能激发出我们最大的潜能，让我们投入全部精力与其一争高下，正是“敌人”的存在让我们不断成长。看着自己身边的“敌人”，从他们的身上，我们往往能真切地感受到自己的水平，认识到自己的缺点和不足。

马云有一句名言：“一个拳师碰到另外一个顶尖高手的时候，大家才能互相成长。”“敌人”越强大，我们的成长越迅速，拥有强大的“敌人”是我们的幸运。把强大的“敌人”当成自己的方向和标杆，可以让自己在人生道路上越走越远，目光也更加长远。

每一次伤害，都是一次不错的蜕变

每一次伤害，对我们来说都是一次蜕变，在经历了这些蜕变之后，我们自然而然就会变得强大起来。

看到过蚕是怎样蜕皮的吗？蚕蜕皮的时候，先用嘴把头上咬破一点点，然后从那个小缝里拼命地往外挤。最先挤出头，然后慢慢地挤出整个身体。要想把肥胖的身体从那样一个小缝里挤出来，其难度可想而知，其伤害不言而喻。但是蚕就那么一直努力着，一点一点、一节一节地往外蠕动。每一次蠕动，都会经受撕心裂肺的伤害，可是它却不能停下来。因为如果不能承受这样的伤害，它将无法继续生长。

是的，每经历一次蜕皮时难耐的伤害，蚕就会获得一次成长的机会，这是自然界的生存法则。回过头来想想，在我们的生活中，在我们的工作中，是否也是如此？我们是否也是每经历一次伤害，就得到了一次蜕变的机会？

一只小猴子在树林里玩耍的时候遇到了老虎，虽然逃了出来，但肚子却被老虎抓破了，流了很多的血。这样的伤很疼，它每见到一个猴子朋友，就会扒开伤说："我受伤了，你看我的伤，好痛啊！"每个看见它伤口的猴子朋友都会安慰它、同情它，然后告诉它不同的治疗方法。

于是，它继续往前走，继续把自己的伤给朋友们看，听取朋友们的治伤意见，然而，它的伤却越来越严重了。

有一天，它遇到了一个老猴子。当它想继续把自己的伤给老猴子看的时候，老猴子打断了它的喋喋不休，对它说："虽然你受伤很痛，但是如果不包住伤口的话，伤痛依然会要了你的命。"小猴子听了老猴子的意见，包好了伤口，没过几天，就活蹦乱跳了。

小猴子很感激老猴子，专程找到老猴子向它道谢。老猴子笑着对它说："不要谢我，要谢，你就谢那只伤害了你的老虎吧。"小猴子很是不解，就问老猴子原因。

老猴子说："你下次见到老虎的时候，还会害怕吗？"

"当然害怕。"小猴子说，"我们猴子，见到老虎哪有不害怕的呢？"

"那么，如果真的再次遇到老虎了，你还会让它伤到你的肚子吗？"老猴子问。

"不！肯定不会！上次遇到老虎，我才知道，原来我们猴子最薄弱的地方就是肚子，老虎只需摇一摇小手指头就可以划开我们的肚子。如果再遇到老虎，无论如何，我会保护好自己的肚子。就算伤到了胳膊和腿，也不会让肚子受伤了。"

老猴子笑了："你看，现在你聪明多了，知道了肚子对我们有多重要。但别忘记了，这些道理不是我教你的，而是老虎。所以，你真正要去感谢老虎，它让你受了一次伤害，但也给了你一次蜕变。不是吗？"

小猴子恍然大悟：原来伤害，带来的不仅仅是疼痛，还有很多道理。

我们为什么会受到伤害？为什么会伤得如此之深？又为什么在伤害来临的时候毫无防备，甚至没有丁点的还击之力？仔细想一想，问题大多是出在我们自己身上。生活中，我们之所以会受到伤害，大多是因为没有洞悉对方，一味地处在自己为对方编织的梦里。我们习惯以自己的心去度别人的心，以自己的愿去强别人的愿，甚至会觉得事事都在自己的规划之中。可是，我们却忘记了一件事，那就是人人都有自己的主张，都有自己的一片天地。当他们所做和我们心中所想相悖的时候，自然而然，就会伤害到我们。

这是我们受到伤害的根源。既然知道了受到伤害的根源，那么我们就可以寻出既治标又治本的方法。这就同古时人们练拳，承受一次拳打脚踢，身子就会强健一分是同样的道理。难道我们还没有看到吗？古往今来，有很多人之所以会取得成功，都是因为受伤之后经历了一次次的蜕变。

陈平是西汉时的名相，幼年时家里贫穷，日子过得很苦、因为父母早逝，他只能与哥哥相依为命。他年纪虽小，但是人穷却志不短，立志要秉承父亲的遗愿，光耀门楣，所以他读书很勤奋。

因为读书占去了大量的时间，使他疏于生产劳动。在那个时代，农民要想生活下去，只能是依靠体力吃饭。陈平不下田种地干活，在大嫂看来，就成了一个吃闲饭的人。有了这种看法，大嫂自然也不再给他什么好脸色看，终日里指桑骂槐地羞辱他。

虽然年幼，但陈平已经很懂事了。听到与自己相依为命的嫂子如此辱骂自己，他心里很不好受。这种伤害让人难以忍受，他想痛痛快快地和嫂子对骂一顿，然后离家出走，再也不回来了。但是他知道，自己一旦出言反驳，必然会闹得哥嫂家庭不和，他不能连累哥哥。

在嫂子的辱骂声中，他想到了解决的办法，那就是白天下田干活，晚上再读书学习。他把嫂子对自己的辱骂当成了一种动力，更加用功学习。在当时，很多读书人都因为沉于读书而使得身体多病，但是陈平却是个例外。不但学问很高，而且身体不错，后来他辅佐刘邦南征北战，终于成就了一番伟业。

如果细数，还会有很多这样的故事。在这些故事中，那些可爱可敬的人们，正是在经历了一次次的伤害之后才蜕变成长的。他们本身就是一些意志坚定的人，毫无疑问，伤害加速了他们奋进的脚步。倘若我们正在沉睡，伤害就如同是一桶当头泼来的冷水，虽然会让我们感到刺骨的寒冷，但却可以真正唤醒我们。每一次伤害都是一次蜕变，当那些伤害不可避免地到来时，让我们坦然接受吧！

看你好欺负，被踢一脚可能不是件坏事

希望在每个关键时刻，都有一个“死对头”来狠狠踢你一脚，帮你大胆地迈开步子，走向你渴望已久的成功。

生活中，难免会碰到一些心存恶意的“敌人”，可能是看你好欺负，他们会不由分说就推你几把，踢你一脚，不要憎恨他们，因为有时候这种伤害会成为你成功的动力。

在东方一个美丽的国家里，国王惟一的女儿已经到了适婚的年龄，但却一直没有找到意中人，国王为此十分着急，终于公主提出了自己的择婿标准：他必须是全国最勇敢的年轻人！于是国王决定通过比赛来招亲。比赛招亲规定：以城外100米为起点，第一个跑过50米平地和游过50米护城河的便是冠军。冠军可任选“良田万亩”、“黄金万两”或“招为驸马”。

一声令下，成千上万的勇士们如脱缰野马般往前跑，跑到护城河边，眼前的景象让所有人目瞪口呆：几百条鳄鱼在河里张牙舞爪地游着！

一分钟、两分钟、三分钟，没有一个人往下跳，五分钟过去了，场上还是寂静无声。正当大家无比失望之际，就听“扑通”一声，一名男子在池中拼死前游。国王兴奋地大呼：“加油！加油！”所有在场的人也放开喉

咙为勇士喝彩。

奇迹出现了：一个瘦弱的小伙子满身鲜血、全身衣服无处不烂，可以说是九死一生，但居然游过了护城河。

小伙子的勇敢震慑了所有的人，国王激动地紧紧握住了小伙子的手。丞相则毕恭毕敬地对小伙子说：“年轻的勇士，你可以任意选择国王为你而设的3个奖项。请问，你想要良田万亩吗？”小伙子拼命地摇头。丞相又问：“那你是想要黄金万两吧？”小伙子头摇得更厉害了。丞相笑了：“年轻的勇士，你不但拥有神将般的勇气，而且还拥有上帝般的智慧，你一定是选择第三条，要做我国的驸马爷。那么，你不但可以有良田万亩、黄金万两，同时还可以得到世上最美丽的妻子。是吗？”

气喘吁吁的小伙子，费力地挺了挺身子，哑着声音说：“不。”全广场的人都愣住了，小伙子接着转过身，向人群大吼：“刚才是哪个‘死对头’把我踢下水去的？”

这个故事的结尾似乎有点可笑：惟一的一个“勇敢者”，是因为被人踢了一脚才游过护城河的。这个让他愤怒至极的意外，却帮他成为了大英雄。故事中那个“勇敢”的小伙子如果真当了驸马，那他就应该感谢那个踢他下水的“死对头”才是，因为正是那一脚给了他机会和勇气。因此如果没有人踢他那一脚，他就没有勇气跳进满是“鳄鱼”的“护城河”，更不可能摘到胜利的果实。

生活中，常听到有人抱怨：“这件事本来可以做好的，怎么会失败了呢？”这样抱怨的人在做事的时候一定是怀着这样的想法：这件事即使做不好也没关系，我还可以……正是因为给自己留了后路，做起事来才不会全力以赴，如果当时有对手狠狠“踢”自己一脚的话，自己就会不顾一切奋勇向前了。

有一家人住在一所破旧的房子里，一天晚上，一个和他们有仇的人用火点着了他们的房子，一家人毫无损伤，但房子却烧了个一干二净，而冬天马上就要到了。看着家人难过的样子，父亲很快振作了起来。“大家一起动手吧！我们要尽快住进新房子里。”在一家人的努力下，房子很快盖好了。圣诞夜大家坐在又大又暖的新房子里吃晚餐，这时父亲说：“让我们一起为点火烧我们旧房子的人祈祷吧！如果没有他，我们现在还住在透风的旧房子里呢！”

当这家人还有旧房子住的时候，他们可能也考虑过建新房子的问题，只不过惰性使他们搁置下了这个问题，房子被烧之后，拆不拆旧房子的顾虑和建不建新房子的犹豫一下子就没有了。一无所有时，也就没有了选择的犹豫，没有了再固守现状的可能，惟一需要做的，惟一能做的就是勇往直前，做到最好。

第六章　再苦再难不抱怨，因为有伤就会更坚强

活在这个世界，我们应该为一件事而努力——让自己配得上所遭受的苦难，因为那些挫折和苦难，往往是成就我们的阶梯。所以，我们不要惧怕人生路上栉风沐雨，不要惧怕人生路上多苦多难。扛起苦难，就能撷取成功。

感谢伤害你的人，梅花香自苦寒来

伤害可以帮我们铸造另外一种不同的人生。只要走过了伤害，我们的人生就会变得多姿多彩。因此，我们还是要去感谢伤害我们的人。

在我们的人生轨迹中，时常会遇到这样两种人：一种是帮助我们的人，另一种是伤害我们的人。对于帮助我们的人，我们都知道要心怀感恩，因为帮助成全了我们；对于伤害我们的人，我们同样也要怀有感谢之情，因为伤害让我们更加坚强。

伤害我们的人，会使我们变得坚强起来。逆境可以磨炼人的意志，可以使人的意志由水而成冰，由冰而变钢，变得无坚不摧。而伤害，就是一个不折不扣的逆境。当受到别人的伤害时，那些伤害会让我们的内心世界波涛汹涌，于是我们发誓一定要让他们看看，自己坚强的一面。在痛过后，很多人会更加珍惜现在所拥有的一切，加倍努力完成自己心中的目标。在这种激励下，会让人不断向前奋进。

伤害我们的人，会使我们变得成熟起来。在受到伤害以前，我们看问题总是很简单，很容易就相信了别人。我们甚至天真地以为，身边的人不会让自己受到一丝一毫的伤害。可是受到伤害以后，我们才猛然惊觉，原来自己错了。有些人会在不知不觉中给我们致命一击，这是最难忍受的伤害，在这种伤害下，我们会痛苦，但也会成熟。不是吗？在见识过大海的浩渺之后，我们再也不会幼稚地被小河阻挡住前进的道路。

伤害我们的人，会让我们学会包容和理解。在伤害之中，我们都会思考这样一个问题：我们喜欢在仇视中生活吗？答案是否定的，因为如果那样，我们的生活将会被称之为悲惨。一心想着怎样去报复那些伤害过自己的人，是没有快乐的，因为那样自己心中只会燃烧着怨毒的火焰。会烧疼别人，也会烧疼自己，烧得自己的生活一团糟。想想看，一个总记着别人对自己的伤害的人，心中除了不快乐，还会有什么？当真正明白这一点时，我们的心，就会被包容和理解所占据。也只有在这个时候，我们才会感觉到快乐。

伤害我们的人，还会让我们明白什么是伤害。在此之前我们并不理解伤害的真正含义，当别人带给我们伤害的时候，我们才会深深懂得伤害会给人带来一种什么样的滋味。于是，在这种伤害中我们顿悟了，会更加珍惜身边的所有人，而不会去伤害他们。

看到了吗？原来伤害我们的人，是这么地“照顾”我们。他们使我们变得坚强和成熟，也使我们明白了包容，认识了伤害。为此，我们怎能不去感谢他们？真的，他们并没有为难我们，他们只是为我们制造了一场寒冷的大雪，想让我们在大雪过后，开出更多香气袭人的梅花。对于他们，我们真的应该真心感谢。

一位游客在寺庙里游玩，看到石头上有这么一句劝勉语：“要感谢曾经伤害过你的人。”他感到很是困惑，认为这是常人无法做到的事情。一位禅师从旁边路过，看出了他的疑惑，就对他说道：“施主，困顿么？那么请随我来。”

他随着禅师走到一张桌子前，禅师手拈毛笔，写了几个字送给他，并对他说：“施主，收好，送与有缘人。”他低头一看，上面只写了四个大字：“开胸施度。”禅师告诉他，这就是对“要感谢曾经伤害过你的人”这句话最好的解释，他现在不明白不要紧，以后会明白的。于是，在百思不得其解中，他拿着这四个字回家了。

直到有一天，他因为被同事误会而满腹牢骚地躲进了书房里。在积满灰尘的书架上，他又看见了这四个字。忽然间，他明白了“开胸施度”是什么意思。原来只需要敞开胸怀，坦然接受伤害，自然而然就能收获更多的东西。他悄悄拾起了自己心中的愤怒，不再去想同事对自己的伤害，而是以一种理性的方式去向同事证明自己的清白。最后，他不仅向同事澄清了误会，还获得了一个知心的好友。

很多人都会把别人对自己的伤害看作是一种毒药，唯恐避之不及。这一点我们可以理解，因为被伤害确实不是一件值得开心的事情。可是，在工作中，我们看清了自己受到的伤害吗？真的是有人在故意和我们作对而伤害了我们吗？真的是有人处心积虑地想捅我们刀子而伤害了我们吗？其实都没有关系，即便是有意的伤害，我们也要去感谢他们。因为他们使我们明目明心，坚韧坚强。

在一些武侠小说中经常会出现这样的情节：男主角很小的时候，他的父母就被仇敌所杀。这些人也不放过他，于是对他进行了追杀。这个追杀的过程很残酷，男主角经常是命悬一线、九死一生。为了生存，他不得不东躲西藏，不得不挨饿受冻。

可以说，因为敌人，男主角受尽了伤害。但是，也正是在这些伤害中，他变得越来越坚强，越来越厉害。这些故事的结局往往是，男主角练就了一身惊人的武艺，性格也变得刚毅坚强，最终杀死了自己的敌人。

这其实是武侠小说中最为通俗的大致环节，但是在这里面，我们却不难发现，伤害往往可以造就一个人。可不是吗？在很多时候，我们受到的伤害越大，走过这些伤害时就需要付出更多的努力。如果伤害让我们伤心无助，那么走出这些伤害以后，我们就不会再有茫然的时候，如果伤害让我们痛不欲生，那么挺过来以后，我们就能笑看人生的任何悲欢离合。

顺境容易淘汰人，逆境才是真受益

顺境容易使人迷惑在安逸舒服的生活当中，从而失去斗志，安于现状，不思进取，从而被历史的潮流所淘汰。

星云大师说：“人生中有许多不顺利的地方，对于这些我们应该把它们看作真实受益之处。而声色名利、美食华服等在顺境中得到的东西，都应该看作毒药、毒箭等一些能置人于死地的东西。”在星云大师看来，顺境对人来说比逆境更可怕。孟子说：“生于忧患，死于安乐。”逆境能够锻炼一个人的毅力，培养人吃苦耐劳的精神，激发人内在的潜能，从而获得成功。

有一次，弘一法师从温州到宁波，挂褡于七塔寺。夏丏尊先生听说了，前往看他。

七塔寺云水堂里共住宿了四五十个游方僧。床铺分两层，是统仓式的，弘一法师住在下层。他对夏先生说，到宁波3天了，前两天是住在一个旅馆里的。夏先生问他：“那家旅馆不十分清爽吧？”

“很好！臭虫也不多，只有两三只。主人待我非常客气呢！”

夏先生邀他同往上虞白马湖小住几天。他的行李很简单，铺盖是用破旧的草席包的。到了白马湖，他自己打开铺盖，先把那破草席铺在床上，摊开了被，再把衣服卷了几件做枕头，然后拿出一条又黑又破的毛巾走到湖边洗脸。

夏先生说：“这毛巾太破了，替您换一条好吗？”

“哪里！还好用的，和新的也差不多。”说着，他把那条毛巾珍重地打开来给夏先生看，表示还不十分破。

法师是过午不食的，第二日午前，夏先生送了饭菜去，在桌旁坐着陪他。碗里只有些萝卜、白菜之类，可是在他看来，却几乎是要变色而作的盛馔了。他很喜悦地把饭划入口里，郑重地用筷子夹起一块萝卜。那种了不得的神情，真使人见了要流下喜悦惭愧之泪！

第三日，有另一位朋友送了四样菜来斋他。夏先生也同席，其中有一碗菜非常咸。

夏先生说：“这太咸了！”

他却说：“好的！咸的也有咸的滋味，也挺好的！”

夏家和他的寓所相隔有一段路。第四日，他说，以后饭不必送来，他可以自己去吃。且笑说，乞食是出家人的本色。

“那么，逢雨天仍替您送来。”

“不要紧！雨天，我有木屐哩！”他说出“木屐”两字时，神情上竟俨然是一种了不得的法宝。他看出夏先生有些不安，就说：“每天走些路，也是一种很好的运动。”

在他，世间竟没有不好的东西，一切都好。小旅馆好，统仓好，破旧的席子好，破毛巾好，白菜好，萝卜好，咸苦的菜好，走路好。什么都好、什么都有味，什么都了不得。

在他看来，对于一切事物，不为因袭的成见所束缚，都还它一个本来面目，如实观照领略，这才是真解脱，真享受。

如果处于顺境中，你的事业会青云直上，成功会加快；如果处于逆境中，你的意志会得到磨练，越挫愈勇，更加一往无前。大师或许正是知道顺境比逆境更可怕，更能摧残人，才让自己过着清贫的生活。大师是借此来磨练自己呀！可是，为什么顺境那么可怕呢？它给我们的教训又有哪些呢？

明朝崇祯十七年3月19日，李自成率领大顺农民军开进北京城。他多年征战，终于获得了胜利，一股自豪之情涌上心头。

军队进城之后，士兵开始骄傲自满，胡作非为。李自成虽然生活俭朴，但是却以帝王自居，深居内宫，对部下的所作所为也不像以前那么清楚了。吴三桂看到义军在京胡作非为，就勾结清军讨伐李自成，李自成率军西退，最后以起义失败告终。

历史留给我们很多类似的惨痛教训，它告诉我们，顺境最容易让人失去警戒和防备，往往就是灾难的温床。顺境里的一切有时就是毒药毒箭，其道理就在这儿。同时，我们要谨记，不要贪图和安于享乐，这不是人生的福泽；也不要埋怨人生苦难或坎坷，这或许就是你幸福的前奏。

不要苛求舒适生活，吃苦是一种修行

苦与甜是相对的，它们之间有着必然的联系。只有先吃苦，或者能够吃得下苦的人，方能享受到人生的香甜。

人们都喜欢追求物质的享受，不希望自己吃苦。所以，生活是越方便越好，越轻松越好。那么，我们该如何看待遭遇清苦的生活呢？弘一大师曾经对别人说过这样一段话："若诸位有空，可以到我房间里来看看，我的棉被面子，还是出家以前所用的。还有一把洋伞，也是1911年买的。这些东西，即使有破烂的地方，请人用针线缝缝，仍旧同新的一样了，简直可尽我受用着哩！不过，我所穿的小衫裤和罗汉草鞋一类的东西，却须五六年一换，除此以外，一切衣物，大都是在家时候或是初出家时候制的。"

佛家一贯提倡清修——不问凡尘琐碎之事，在清静、清贫中修行，修炼个人的道德，修炼自己的内心世界。所以，佛家看淡清苦。的确，苦的生活对人来说是一种磨炼，是锻炼一个人意志品质的一个重要方式，同样也是培养人具有远大的人生志向和浩然正气的途径。能够忍受住苦难生活的磨练，在人生道路上遇到任何艰难险阻就都不会害怕了。历史上不乏利用苦难来磨砺自己的例子。

明朝的宋濂颇得明太祖朱元璋的器重，被人认为是明朝开国大臣之中的佼佼者。

宋濂年幼的时候，家境十分贫苦，但他苦学不辍。他自己在《送东阳马生序》中讲："我小的时候非常好学，可是家里很穷，没有什么办法可以寻到书看，所以只能向有丰富藏书的人家去借来看。因为没钱买不起，借来以后，就赶快抄录下来，每天拼命地赶时间，计算着到了时间好还给人家。”正是这样他才得到了丰富的学识。

有一次天气特别寒冷，冰天雪地，北风狂吼，以至于砚台里的墨都冻成了冰，家里穷，哪里有火来取暖？宋濂手指冻得无法屈伸，但仍然苦学不敢有所松懈，借来的书坚持要抄好送回去。

到了20岁，宋濂成年了，就更加渴慕圣贤之道，于是一个人背着书箱，拖着鞋子，从家里出来，走在深山之中，寒冬的大风，吹得他东倒西歪，数尺深的大雪，把脚下的皮肤都冻裂了，鲜血直流，他也没有知觉。等到了学馆，人几乎冻死，四肢僵硬得不能动弹，学馆中的仆人拿着热水把他全身慢慢地擦热，用被子盖好，很长时间以后，他才有了知觉，暖和过来。

为了求学，宋濂住在旅馆之中，一天只吃两顿饭，新鲜的菜、美味的鱼肉都没有，生活十分艰辛。和他一起学习的同学们一个个华服奇丽。但是宋濂不以为那是什么快乐，丝毫也没有羡慕他们，穿着自己朴素无华的衣服，不以为低人一等，不卑不亢，照样刻苦学习，因为学问中有许多足以让他快乐的东西，那就是知识。他根本没有把吃的不如人，住的不如人，穿的不如人这种表面上的苦当回事。正是宋濂能忍受穷苦，自得其乐，才能成就一番事业。

吃得苦中苦，方为人上人。在现实生活中，没有人看到怕吃苦的人会成功，遇到一点困难就叫苦连天的人是不会有出息的。

有一个人乘船渡江时，看到浩浩荡荡的江水，气势磅礴，非常欣赏。可是不久，狂风刮来，惊涛骇浪，动天撼地，一叶小舟起伏不定，让人害怕。他吓得嘴张得很大，再也没有心思来欣赏江上的美景。风过后，又是一片宁静美丽的风光。他静下心来，想起自己刚才的恐惧，又看看船夫若无其事的样子。便问：

“你不怕这么大的波浪吗？”

“怕什么，不就是水嘛！”

这个故事告诉我们，无论是波涛，还是静水，它们都是水！快乐或痛苦都是生活。被外在东西所迷惑，就发现不了生活的真谛。世间能建立大功德的人，往往都是从逆境中崛起的。我们经常听到“磨镜之喻”：一个磨镜老人坐在门口，手中拿着一面铜镜在石头上面磨。铜镜昏暗，铜镜如血。他日复一日地磨，手都磨出泡了，铜镜依然昏暗。但他不管，一直磨下去，相信功夫不负有心人。直到有一天，铜锈尽开，他住了手，取清水一冲，明晃晃的清光就亮出来了，镜就磨好了。“磨镜之喻”更深层次的含义是，不管心底多昏暗，前途多么坎坷，磨下去自然就会光亮平坦。

人之所以能成功，乃至建功立业，是需要一番磨练的。所以，要成功，就要学会放弃世人羡慕的舒适生活进行苦修，具有常人不能具有的吃苦精神，这样才能取得巨大的成就。因为一个人只有在吃苦的环境中才会得到锻炼，从吃苦中获得收获。

屈辱中的蛰伏，会使你裂变为成功者

一位成功者这样说道：奇迹，有时需要漫长的等待；复活，更需要超凡的耐心。

在北方零下40° 的严寒中，大地一片萧杀气象：满目皑皑白雪，脚下是两米厚的冻土层；呼出一口气，瞬间结为冰雪颗粒，湿热的手碰到铁器会粘去一层薄皮……

此时此刻，你几乎无法相信在这个世界上，除了穿得厚厚的人和一些耐寒冷的毛皮动物之外，还会有什么生命存在。你甚至担心再也看不到鲜花和蝴蝶，还有青蛙与小鱼。是的，这样的温度下，那些可怜的弱小生命如何能存活下来呢！

挫折会让人感觉如同置身于此种环境——令人绝望的死寂而寒冷的氛围。

这样的环境会让你对春天产生极大的怀疑。

然而，所有的生命却都会在春天里一样不少地重新出现。

你不能不对这种顽强的生命循环感到惊奇，尽管你清楚它们在冬眠。在几米深的冻土下或薄薄的茧壳中，在那死寂黑暗之中一动不动地卷缩着。这是生命的奇迹！

昆虫和青蛙们都明白：必须顽强地度过冬眠期才能见到春天，这是生命付给物种延续的必不可少的痛苦代价。

与其相比，人类是多么的幸运。睡眠对于我们来说，只是休息与享受。所以我们不必经受那炼狱般的漫长无际的煎熬。不过，人生到底还是无法彻底逃离类似的“冬眠期”的生死考验。

对于一个因事业受挫而败下阵的人来说，就像在经历一个漫长萧瑟的冬天，时间就是一把在你那颗流着血的心上不停锉动的刀子，它一刻不停，看似永远：一年，两年，三年……

当然，只要你喊一声“我放弃了”，它就会停下来。

但是，你将再也看不到春天的到来。

冬季里的一天，一个孩子与父亲一起来到花园中散步。

孩子在玩耍时发现一棵树已经死了。它的树皮已经剥落，枝干也不再呈暗青色，完全枯黄了。

孩子对爸爸说：“爸爸，那棵树早就死了，把它砍了吧！我们再种一棵。”爸爸说：“也许它真的不行了。但是，冬天过去后它可能还会抽枝发芽的，给它点时间，也给我们自己些耐心。”

果然不出父亲所料，第二年春天，那棵好像已经死去的树居然真的重新萌生新芽，和其他树一样在春天里展露出生机。其实这棵树真正死去的只是几根枝杈，到了春天，整棵树枝繁叶茂，和其他的树木并没有什么差别。

蝉，在昆虫类中应该算是生命力最顽强、寿命最长的物种之一。它们平均寿命为 6 ～ 7 年。就一只小小的昆虫而言，这种寿命不能不令人惊奇。

不过，当你了解了这种昆虫的成长过程之后，你就会明白这样一个道理：痛苦是成功者的摇篮。

一只蝉的卵，要在深土中经过三四年蛰伏，一次又一次的蜕变、壮大，最后才会生出翅膀飞到树上去。在正式成为蝉之前，它不过是一只地下的土虫，它苦苦地忍耐，顽强地经受着自然界优胜劣汰、弱肉强食的考验，为了能够成为一只飞来飞去、振翅鸣叫的蝉，努力拼搏。

生命的顽强源于制造过程的严酷、考究，否则，它们只能是那些几十天寿命的劣种。

如果将一只刚刚捕捉到的蝉捏在手指间，你会被它那强劲的挣扎力量所折服。另外，它的鸣叫声几乎可以同汽车喇叭媲美，堪称昆虫类中叫得最响的。

它们的强大，无疑是一次又一次蜕变的结果。

然而，蜕变是痛苦的。这种痛苦包含着暂时丧失攻击与自卫的能力，很可能轻易成为他人猎物的极大风险，蛰伏期漫长的寂寞与等待，以及形体更新的巨痛，等等。

蜕变，是一种生命力的自我强化过程。

蜕变，是造就成功者的惟一模式。

蜕变的蛰伏期越长，重新站起来就越坚强，威力也越大。

勾践“卧薪尝胆”的故事最有说服力了。勾践投降后给吴王当了 3 年的马夫，回国后“十年生聚，十年教训”，终于使赵国渐渐强大起来，一举灭了吴国。前前后后他至少经过了近 20 年的蛰伏蜕变期。

若无超人的意志与耐心，成功者怎么会等到成功的到来呢？蛰伏也是一种艺术，它是成功者获取成功的人生蜕变。

遭受冷遇，也是一件幸运的事

在人生道路上，我们都有可能受到冷遇。面对冷遇，我们应该灿烂地微笑，我们相信，即使再冷漠的人，也有善良的一面，也会同样微笑着面对我们的。

命运的冷遇，对人们是一种考验。停留于心里的伤感是一种脆弱的表现，你只有从冷遇中摆脱出来，才有可能完全改变自己的生活道路。

周和在下岗后曾尝试着在家乡宁波摆地摊卖蔬菜、卖水果，但由于缺乏经验，最后都赔了。

后来周和干起了推销的工作。他先是推销袋装洗发水，接着又到电脑公司推销电脑耗材，这为他积累了不少营销经验。“以前我跟人说话都会脸红，跑了一年多销售，我已经能够很自如地和各种人打交道。”周和后来又到一家办公设备公司工作，主要向企业和单位推销打印机、复印机及相关的耗材，逐渐摸透了行业运作的情况。2004年，周和与一个朋友一起凑了10万元开了一家办公设备公司。当时，办公设备公司很多，一个刚开业的小公司要想拓展业务，遇到的困难可想而知。“写字楼一年的租金只要1万多，剩下的资金主要用来进货。”周和说，“那时我每天的主要任务就是‘扫楼’，宁波至少90%以上的大写字楼我都去过。”

推销是个苦差事，每天进不同的办公室，说着同样的话，遭人白眼和冷遇是常有的事。“我经常是跑了一天却一无所获，回到住的地方腰酸腿疼，什么事情都不想干。”虽然经常遇到拒绝，但也有幸运的时候。一次周和在一个环形办公楼里转了几圈，有点转晕了，又回到了刚才推销过的办公室，他自己还不知道，对着客户又说了一遍刚才讲过的话。这时他发现对方在笑，一下回过神来，原来自己已经来过了，顿时感觉很不好意思。没想到正因为这样，客户反而对他产生了不错的印象，购买了他的产品。

人在受到冷遇时，为避免受到再进一步的伤害，应该学学那些冬眠的小动物，暂时隐蔽起自己的身体和思想，但不是让它们永远消失，而是在不断的沉淀和反思过程中，暗暗地凝聚学识和才干，积蓄力量。冷遇会教人成熟。鲁迅先生说，人从繁华走入困顿，便能体验到人生的真谛。

在人生中，总会有失败、挫折，就如同我们在学走路时，难免会有跌倒的时候。但不同的是，有的人在跌倒了以后，能够立即爬起来，继续前进。而有的人则会在跌倒的地方不起来，所以他们没有学会走路。这也是造成成功者和失败者之间差别的最重要的因素。

有一位穷困潦倒的美国年轻人，他的梦想就是做演员，拍电影，当明星，红极一时。尽管他身上全部的钱加起来都不够买一件像样的西服，依然全心全意地坚持着自己心中的梦想。

在当时的好莱坞，总共有500家电影公司，这个年轻人决定带上自己写好的、量身定做的剧本前去一一拜访。他把500家会司根据自己划定的路线与排列好的名单顺序写了下来，开始了拜访之旅。但第一遍下来，这500家电影公司没有一家愿意聘用他。

面对这样的失败，这位年轻人并没有丧失信心。当他从最后一家电影公司出来后，他又开始了新一轮的拜访，继续他的第二轮拜访与自我推荐。在第二轮拜访中，他仍然遭到了500次拒绝。他没有灰心，继续坚持了下去，开始了第三轮拜访。

结果仍与第二轮相同。他咬紧牙关又开始了第四次行动。当他拜访完第349家后，第350家电影公司的老板终于被他的毅力打动了，于是答应让他留下剧本先看一看。

几天后，这位年轻人获得通知，请他前去详细商谈。就在这次商谈中，这家公司作为投资商拍了这部名叫《洛奇》的电影，并请这位年轻人担任男主角。

这位年轻人叫席维斯·史泰龙。现在，这部叫《洛奇》的电影与这个日后红遍全世界的巨星已经家喻户晓。史泰龙在第1850次时获得了成功。

漫长的人生当中，我们会有很多次遭遇冷遇的机会：和陌生人交朋友的时候；求职的时候；寻找客户的时候；寻求帮助的时候。遭受冷遇，不要沮丧，更不要气馁，只要你用积极乐观的心态去面对，说不定一次冷遇会给你带来不一样的成功。即使不能给你带来机会，至少让你在一次次的冷遇中学会了成长，积累了经验，也品尝到了人世间的酸和辣。

人需要磨练，感谢折磨你的人

罗曼·罗丹曾说："只有把抱怨别人和环境的心情化为上进的力量，才是成功的保证。"

我们总希望人生之路能够坦荡无阻，希望得到他人细心体贴的关怀，希望一切烦恼和痛苦都远离自己。当遭遇逆境、失败和苦难，面对轻视、侮辱和刁难自己的人时，很多人总是满怀抱怨和悲伤，甚至是咒骂和仇恨。

可是，在生活中我们不难发现，受过压力、挫折和失败等折磨的人，往往能创造出辉煌的事业。

有两个年轻的大学生刚从学校毕业后，进入同一家石油公司任职，随即两人被总公司分配到一个海上油田工作。

工作的第一天，工头便要求他们，要在限定时间内登上几十米高的钻井架，并将一个包装好的漂亮盒子，送到最顶层的主管手中。

他们拿着盒子，迅速登上又高又窄的舷梯。当他们气喘吁吁地登上顶层后，主管在盒子上签了自己的名字，又让他们送回去给工头。他们一接到命令，连忙又快速地跑下舷梯，并把盒子交给工头。

但是，没想到工头草草签完名字之后，又原封不动地交给他们，要求他们再送回去给顶层的主管。

两个年轻人看了看工头，有点丈二和尚摸不着头脑，却又不知道要如何发问，只得乖乖地跑上顶层。

然而，主管这回同样也只在盒子上签名，便又要他们送回去。年轻人就这样来来回回，莫名其妙地上下跑了两次，心里隐约感觉到，这一切似乎是主管与工头故意刁难他们。

直到第三次，两个年轻人已经是全身汗湿，其中一个年轻人已经是满腔怒火，而另一个人看上去却气定神闲。

当他们将盒子送给主管时，主管说："把它打开。"

两个年轻人将盒子拆开，里头居然是一罐咖啡与一罐奶精，这会儿他们更可以确定，这是主管与工头联合起来欺负他们。

过了一会儿，主管又接着对他们说："去冲杯咖啡！"

那个早已是满腔怒火的年轻人再也忍不住了，用力把盒子摔到地面上，气愤地说："我不干了！"转身就走了。

而另一个年轻人平静地看了主管一眼后，拾起地上的咖啡，然后为主管冲出一杯口味浓香的咖啡，主管接过咖啡后也没说什么只是向这个年轻人微微笑了笑。

令年轻人意外的是，从那以后，主管仿佛对他格外的关注，一些重要的项目都交给他去做。很快，年轻人凭借自己出色的业绩和主管的极力推荐，被总公司任命为部门经理成了主管的上司并拥有了一份丰厚的薪水。

年轻人在接任后做的第一件事就去感谢主管，主管听完后微笑道："孩子，你们最初受到的遭遇其实是一种训练啊！那是承受极限的训练，因为我们每天都在海上作业，随时都可能会遇到危险，因此，工作人员都必须要有极强的承受力，才有法子完成海上的作业与任务。其实我并没有为你做什么，给你的折磨只是为了培养你今后胜任这份工作的能力。"年轻人得意地笑了，因为他成功了，而当初同他一起来的那个年轻人仍旧四处找寻自己满意的工作。

可见，人生的种种折磨都是一把双刃剑：可以令你失败，也可以催你成功。它就是人生的动力，促使你不断学习进取。当你本事练成了，它会给你带来理想的工作和丰厚的回报。这时，你回过头来就会发现，正是当初的折磨化为了进取的动力，才使得你取得了成功，而此时你需要做的就是去感谢折磨你的人。

2010年大年三十，在外地工作的小王开着刚买不久的新车满心喜悦地回家过春节。可是到了下午，天空下起了很大的雾，高速公路上的车子都放慢了速度并且开亮了车灯。在靠近收费站的时候，更是出现了交通堵塞，原本6个通行路口现在只剩下一个，车子在收费站处排起了一条长龙。

时间一分一秒地过去了，天色也渐渐地黯淡下来，原本心情高兴的小王开始发起了牢骚。小王足足等了两个小时仍旧没有通过，小王着急了，因为他还要赶回家吃团圆饭，嘴里开始不停地咒骂。

最后终于轮到小王了，在缴费时，小王忍不住对收费员大声埋怨道："你们这些收费员一点也不负责任，6个通道只开一个，还让不让人回家过年了。"

收费员听了小王的话，温和地解释道："同志，天气大雾，为了你们都能够安全地回家，平安地过上春节，限量放行，我们也是不得已而为之，还请谅解，最后祝您春节快乐。"

当小王回到家时，正好赶上吃年夜饭，于是小王开开心心地和家人度过了一个幸福的除夕夜。后来，小王在电视上看到，由于大雾，某条高速公路上发生了一起严重的汽车追尾事故。

"折磨"从某种程度上说是生命的试金石，只有在感受"折磨"中，才能吸取教训，认清自我。平静的湖水锻造不出精干的水手；优越的环境，造就不出真正的英雄。当有一天你功成名就时，你会发现是曾"折磨”你的人给了你一往无前的动力，你会从内心感谢“折磨”你的人。只有感谢曾经折磨过自己的人或事，才能体会出生命的意义；只有懂得宽容自己不可能宽容的人，才能看见心胸宽阔带来的种种好处，才能重新认识自己。

感谢伤害你的人，因为他磨炼了你的心志；感谢绊倒你的人，因为他强化了你的双腿；感谢欺骗你的人，因为他增进了你的智慧；感谢遗弃你的人，因为他教会了你该独立；感激鞭打你的人，因为他消除了你的业障。

生活中，我们常常会遭遇很多不快和打击，对手对你的攻击，世事对你的刺激，上天对你的不公……这些使你的内心时时受着折磨。但是，不可否认，成功者往往都是在巨大的折磨中诞生的，他们把折磨当做一种历练，把折磨当做一种激励，把折磨当做一种教训。可以这么说，折磨是人生的涅槃。是的，面对折磨，除了应有的愤怒、鄙视和奋发有为，还应心存感激——感激那些让你备受折磨的揪心疼痛，因为它们让你的人生丰富而美丽。

不埋怨折磨，只同自己较量

每一个具备积极心态的人都懂得只有勇敢地面对生命中的每一次挑战才能不断成功的道理。

幸福与苦难并存的生活才是真正的生活；欢乐与痛苦共生的人生才是完整的人生。而在现实生活中，每个人都有一种趋利避害的倾向，希望自己的生活洋溢着温馨和快乐，希望生活火箭发射到幸运的轨道上。但人生不会总是心遂人愿，会常常碰到一些挫折和困难。只有做生活的强者，不断给自己打气，激励自己不断地前进，才能战胜困难，从而戴上成功的桂冠，登上胜利的高峰。艰难困苦，挫折压力，都要去战胜和克服，为达到目标奋斗到底。生活中的每个人大都不甘心于平庸，每个人都向往幸福的生活，希望自己富足，希望事业成功……而这一切都要通过自己去努力追求才能得到，在追求过程中出现的一些艰难困苦都要自己去解决。当感到力不从心时，不妨激励自己，给自己鼓掌，为自己打气，这样才不至于半途而废，才能永不放弃，直至成功。因为困难是生活对自己的考验，是磨砺生命之剑的砥石，每天激励自己，才能不畏惧困难而战胜困难，成功的帆船才会起航，急驰的生活快车才不会抛锚，人生才会更加丰富多彩！

因此，一个人最大的敌人不是别人，而是他自己。每一个具备积极心态的人都懂得只有勇敢地面对生命中的每一次挑战才能不断成功的道理。

年幼的吴士宏脑子聪明，胆子大，爱运动。不幸的是，一场大病从天而降，剥夺了她原本计划好的一切。整整4年，3次报病危，她始终躺在病床上受着病痛与孤寂的折磨。这场使她身心倍受折磨的“病”，让她恍如隔世。4年后，她终于从病中得到了解放。她觉得：自己的生命只能重新开始。从那时开始，吴士宏萌发了自己的野心：要做一个成大事的人。

考大学还有机会，但不属于她，她没有钱、没时间。4年时间用在生病上，就算考上大学，没有工资还得自负生活费，太离谱了。她决定选择一条“捷径”——参加高等教育自学考试来彻底改变自己的生活。对吴士宏来说，自学并不是最高效的方式，是因为别无选择。她有一个目标：把病中耗费的4年挣回来。她选了科目最少的英文专业。书，可以借一部分，要买的只有许国璋4册；要省钱，可以听收音机。从此，她开始搏命，用自己不顾一切的努力去拼搏。吴士宏的英文都是从头学的，花一年半拿下了大专，吴士宏感觉最深的两个字是“真苦”！她每天挤出10个小时的时间用在学习上，自考文凭考下来了，她最得意的是“赚”回了点时间。

学业完成后的她获得了一个意外的机缘到了IBM。一开始她做的是“行政专员”，与打杂无异，什么都干。身处一群无比优越的真正白领阶层中，吴士宏感到了巨大的压力，常常觉得自己没有能力，没有价值。

吴士宏是一个善于“成长”的人。她在不断地学习、实践、超越，再学习、再实践、再超越。刚进IBM时，吴士宏几乎什么都不会，连打字都是从头学起，她拼命努力学习一切相关的东西。她开始做销售的时候，感觉到专业知识是第一大障碍："培训毕业只是个模子，要把客户的具体要求套进去再做出方案来，没那么容易！"在这个过程中，她给自己定下了要"领先半步"的目标。"不把自己累到极点就觉得不够努力对不住自己"。她在办公室里晕倒过，吐过血，犯过心绞痛。还专门在抽屉里备着闹钟，一个星期总有几次熬到凌晨两三点。就这样，在付出了辛苦和心血之后，她终于发展了第一个大客户中远：中远的运输公司业务是 IBM 主机，外轮代理全部是 IBM 小型机系列。

1994 年，吴士宏去了 IBM 华南公司，她在那里带起了一支队伍，一起成长，一起做出了辉煌的业绩。吴士宏又一次经历了蜕变升华："我学会了做经理，克服了偏执，懂得了大度，能凝聚起不同文化背景的各类优秀人才，真正懂得了什么是经理人；完成了从用'命'做事，到学会思考；从不知前路的迷惘，到有理想的升华。我的下一个目标，不是超越别人，我想超越自我。"

吴士宏的成功史，是一部坚强女人不畏困难的奋斗史。她没有被疾病吓倒，没有被学习中的困难所累倒，她用自信和坚毅与自己赛跑，从中领悟超越自我的含义。

超越自己比超越别人更困难，人都有盲点，尤其是看不清自己的缺点，因此，与自己赛跑是一个艰难的过程，而积极的心态正是进行自我挑战的力量支持。

积极地进行自我挑战，本身就是一种莫大的成功。只有懂得不断超越自己的人，才能引领自己的人生走向另一个高度。

一个人能力的提升，往往是在自己和自己的经常较量中得以实现的。如果不求上进地只是喜欢做一些简易的、不必费心思花力气的事情，或仅满足于一点既得的成绩，那么，能力与水平便会只停留在一个层面上，永远得不到长远的发展。

只有那些正视挑战、敢于挑战的人，才能突破现状不断地向前迈进。吴士宏就像高尔基笔下那只在暴风雨前逆风飞扬的海燕，无畏、无惧，展示生命的价值。她的人生就是一个与自己不断赛跑、超越自己的奋斗历程。

第七章 感谢指责你的人，人生需要负面的激励

当别人瞧不起你的时候，批评、反对、怀疑……就会随之而来，让你饱受折磨。但是，有了批评，才让你知错就改；有了反对，才让你懂得奋进；有了怀疑，才让你寻求真理。

感谢每一个曾经批评你的人

因为有了别人的批评我们才能更清楚地看到自己的不足，进而完善自己。

蒙牛创始人牛根生曾经说过：“听不到奉承的人是幸运的，听不到批评的人则是危险的。”不能否认，批评可以帮助一个人把隐藏的缺点呈现出来，然后改正，从而走向成功。如果一个人只想听到奉承的话，那么他永远都得不到进步，更不会有太大的成功。

俗话说：“木不修不能成材。”同理，人不修不成才。不能否定每个人身上都有着或多或少的缺点，而这些缺点大多又都会阻碍个人的发展，所以我们每个人都需要主动或被动地改掉这些缺点。但是人通常都有一个毛病，那就是不能正视自己的错误。

事实上，在每个人的内心里都有一种自爱、自怜的情感，正因为如此，我们时常会找各种借口来庇护自己，隐藏、姑息自己的缺点。这时如果有人直白地指出我们的不足，我们就会不自觉地去“痛恨”或是“仇视”那些给我们指出缺点或是批评我们的人。然而事实上，正是这些人的直白，才能让我们更清楚地看清自己，更加客观地认识自己。

要知道每个人的成功都是一个不断自我完善的过程，我们只有不断地改掉自身的毛病才能把缺点变成优点。所以，从某种程度上讲，敢于批评我们的人可以说恰好帮助我们改掉了自己的不足，所以我们更应该感激他们。

当然，批评的话显然不如夸赞的话更让人感到舒服，特别是有些人的批评刻薄、尖酸，让人听了刻骨铭心、痛不欲生。但是我们却没有必要因此而仇恨批评我们的人，因为良药苦口利于病，别人的批评是对我们个人行动最好的修正。

可是在很多时候有些人一旦遭到批评，就会很本能地马上开始为自己辩护，他们甚至还没搞清楚批评者说的是什么，但只要是不协调的声音，他们就会立即开始反驳。诚然，每个人都不喜欢被别人批评，希望听到别人的赞美，其实这都是虚荣心在作怪。

在我们的潜意识里总是希望听到别人的赞美，因为赞美的语言通常能够将我们美化，将我们刻画的比现实中的我们更完善，所以我们更乐意接受被美化了的自己。

可是赞美的语言虽然顺耳，它却常常会使一个人迷失自我，从而在内心里夸大自己现在的成绩，减慢前行的速度。与赞美的语言相比，批评的语言更能够刺激一个人不断进取。

波斯国皇帝得了病重，在病中他开始回顾自己的一生，之后他召集大臣，对他们说："我想要知道你们对我的看法。你们认为我是一个好皇帝吗？你们要实话实说，不许有任何隐瞒。只要你们说实话，我就赏给你们每个人一颗宝石。"

大臣们一个接着一个地走到皇帝的宝座前面，用尽了所有修饰语言赞扬皇帝的美德。轮到智者埃拉姆时，他对皇帝说："我宁可不发言，因为真理是买不到的。"

皇帝答道："好的，我不给你任何报酬，你可以畅所欲言。"

埃拉姆说："皇上，你要知道我对你的看法？我想你与我们每个人一样，是一个有许多弱点与缺点的人。然而你的过失有更严重的后果。事实上，全国人民因赋税沉重而怨声载道。我认为你为举办宴会、建造宫殿，尤其是战争花费过度。"

皇帝十分震惊于这些批评，他开始认真地反省。最后他赏给大臣们每人一颗宝石，如他所许诺的，但却任命埃拉姆为宰相。

第二天，那些谄媚者来到皇帝面前说："皇帝啊，那个卖给您这些宝石的商人应该被吊死，因为你送给我们的宝石都是假的。”

“这个我十分明白，”皇帝答说，“那些宝石跟你们的话一样都是假的。”

看过这则小故事，相信很多人都受到了不小的启发。是呀，赞美的词语是华丽的，赞美的话是好听的，可是赞美很多时候都是言过其实的；批评的话虽然逆耳、难听，但是它却是真实的，却是对我们的行为大有裨益的。

相信每个人追求的成功都是真实的，每个人都希望自己能够实实在在地获得成功，每个人都不希望自己的成功是被人浮夸的，而自己却感觉不到成功的所在。所以我们当中每一个渴望成功的人都应该感谢每一个向自己说出真话的人，每一个给予自己批评和指正的人。

将批评当作自我成长的“添加剂”

我们要把批评当镜子，这样才能发现自己的缺点及错误。只有敢于正视自身缺陷的人，才能离成功越来越近。

俗话说：“人非圣贤，孰能无过？”可是，没有人喜欢被批评，无论是私底下或者是公开场合，被别人批评总是一件令人难堪和没面子的事。面对别人批评指责的时候，有几个人能真正地微笑着接受并改过呢？或许我们年轻气盛，或许我们自信满满，工作时做错事，就会千方百计地找借口为自己辩解、推脱责任，甚者还会不服气地顶上几句。有位哲人说过：一个人犯了错并不可怕，可怕的是不敢承认错误。所以，我们干脆就认错吧，不是自己的错又如何？被别人批评又如何？

别人的批评就像那只追在自己后面的狼，一旦你在它面前暴露出胆怯害怕的弱点，它就会穷追猛赶，变本加厉地凶悍起来；但如果面对批评毫无畏惧，立刻转身相对，正视自己的过错，它便会销声匿迹。所以，对待他人的批评，最好的办法不是逃避，而是勇敢地面对，有则改之，无则加勉。

刘洋在大学主修音乐，每天练习超过8个小时，同学们对他这种对音乐的执着感到相当佩服。由于在校期间成绩相当优异，毕业后，刘洋如愿以偿地申请到了奖学金继续进一步深造。

过了一段时间，刘洋的大学同学偶然在路上遇见他，发现他整个人都变了，从以往的神采飞扬，变得十分低沉消极。

原来，刘洋虽然申请到最好的音乐学院的奖学金，但是只读了8个月就辍学了。他之所以会辍学，主要原因是音乐学校的环境和大学不同，听他演奏的对象不再是一般人，而是拥有专业音乐素养的精英，他得接受各种不同的批评。

这些批评有的很中肯，有的却是恶意中伤。刘洋没有办法承受这些批评，从此一蹶不振。

刘洋非常沮丧，不管亲朋好友如何劝导，都无法让他释怀。后来，刘洋决定回大学去拿教育学位，改行当音乐老师，但是因为他已经对音乐失去了信心，所以当了老师，却对音乐失去了原有的热衷，慢慢地放弃了原本深爱的音乐。

由于不能接受批评，刘洋放弃了自己的音乐梦想，像他这样因为无法接受批评而放弃自己梦想的人不在少数。可是，世界上怎么会有不被批评的人呢？很多人认为，世界上绝对不存在没有被人非议过的人，因为就算是沉默的人也会受到非议，所以，受到别人批评是很正常的事情。在得到别人夸奖时都很高兴，这是人之常情。一旦被批评就无心投入到工作中，甚至意志消沉，最终伤害的还是自己。

其实，凡是有远见的人都会把批评自己的人，当成自己的贵人，把其奉为上宾，在批评声中更上一层楼。倘若一旦听到有人说自己的缺点、坏话，或恶意中伤，就马上去追查、诅咒，甚至报复，这样也未免太感情用事了。所以，我们要做的就是让自己变得坚强，只有内心变得强大了，才不会轻易被别人的话扎伤。“坏话”的内容，通常是一针见血地说中了你的要害，如果你撕破脸皮，也许还会有更多的伤害。你要冷静下来，既然别人能够有机会批评你，他们的话可以切中你的要害，那么你要承认，在某些方面确实有被人可抓的“小辫子”，你还不够完美，不妨大度一些，想开点，不要在痛苦中挣扎，勇敢地承认又有何妨。

“旁观者清，当局者迷”，有时我们还应感谢骂我们的人，因为通过反思他们的批评，我们可以看清自己的不足和失误，从而不断完善自己。别人看我们，常常比自己看得更加清楚。

为了充分了解自己，我们往往需要从别人那里得到对我们行为的反馈。聪明的人懂得主动去寻求别人对自己行为的看法，即使是让人并不舒服的批评。

有一位推销员，当他向别人推销商品时，总会请对方给自己提意见。

他做香皂的推销，但是订单很少，再这样下去，他即将面临失业。他反复思考自己工作中的每一个环节：产品质量不错，价格也很合理，之前也有一定的品牌效应。按说完成任务应该不成问题，究竟是什么地方不对？思前想后，他觉得是工作方法欠妥。

想通了这一点，以后每次推销失效，他都会自我反省一番：是我没有把产品介绍清楚，还是热情不够，没有打动商家？如果实在想不明白，他就会原路返回，去询问那位和自己洽谈业务的人员：请你给我一点意见，告诉我，我有什么地方做得不好？

商家们经常会被他诚恳的态度打动，他也因此积累了许多销售的经验。后来这位销售员成为高露洁公司的总裁，他就是立特先生。

面对批评，正确的态度应是把被别人骂看成是合乎自然的事情。人活着总会遇到各种困境，困难是客观存在的，是生活必不可少的一部分；不要想着事事都顺心如意，那只是一种梦想罢了。对待别人的辱骂，我们一定要有抵御能力，要沉得住气。

聪明的人往往都有自知之明，他们肯承认自己不是一个十全十美的人，因为人无完人，每个人多少都会有些缺陷。因此，我们应该正视自己的缺陷，坦然接受这些现实，而不应该再逃避躲闪。有些人或许长得不漂亮，没有自信。比如，牙齿长得不好，手有问题等。当这些人越是极力想要掩饰自己的不足时，别人就越会清楚地看到。因为他的一个动作，就让别人很是好奇从而特别去观察。所以，你应该正视自己的缺点，这样别人才不会老抓着你的缺点不放。

生活中的批评并不能一概而论，长辈的批评大多是一种善意的鞭策和鼓励，希望能通过指出你的不足，让你少走弯路，及时改正，更快地进步。如果我们把批评当作精益求精的动力，那么我们就会主动请求别人的批评，并且在这个过程中培养自己的宽容心态。

别人批评你的时候，最好的对待方式就是在自己心里留下一些检验的空间，留一点缓冲的余地，随时调整自己。面对困境不被他人理解时，重要的不是事情本身，而是处理它的方法和态度。只要生活在阳光里，就不用担心会陷身在别人骂你的阴影里。培养自己接受批评的习惯，意味着你能用一种更博大的胸襟面对世事，在他人的批评中不断完善自己，获取进步。

看你不顺眼的人，促使你不断完善自己

不喜欢我们的人，因为看我们不顺眼，所以总是会揪着我们的错处和短处，动辄得咎。不管怎么说，我们总是有短处和错误的，改掉就是了。

生活中，总有很多人看我们不顺眼，用尖酸刻薄的话来侮辱刺激我们，我们把这样的人当成是对自己不怀好意的人。然而，罗契方卡说：“别人的意见，要比我们自己的意见更接近于实情。”如果有人批评我们，这时不要先替自己辩护，应仔细思考对方的话到底对不对。如果看我们不顺眼的人所指出的我们的错误是确实存在的，我们反而应该感谢他们。

当然，感谢看自己不顺眼的人非常困难。每个人都会遇上自己一见就不喜欢的人，同理，你自己也会遇上一见你就不喜欢你的人。你有原因不喜欢对方，对方也有理由不喜欢你。被别人看不顺眼，遭嫌弃了，这里面就有了值得你注意的问题。一般来说，喜欢你的人会包容你的缺点，所以在他们眼里，你是完美的。

章永芳觉得有些资格老的同事不喜欢自己，她不明白是什么原因，每天惴惴不安。原来半个月前，章永芳当着上司的面，指出了前辈方案的缺陷。作为新人，章永芳的行为使前辈伤了自尊，她也给人留下了爱出风头的印象，难怪会被同事们孤立。怎么和上司或者同事相处，什么话该什么时候说、怎么说，什么事情该做、怎么做都是学问。后来，章永芳想明白了这一点，她逐步改掉缺点之后，同事们与她的关系也逐渐好转了。

章永芳的同事黄希虽然工作勤恳，但是能力不强、老实固执，上司对他很不满意，安排给他的工作是最初级的，他的涨薪幅度也是最低的。意

识到这个问题后，黄希决定给自己充电，多学一点新鲜的知识，让自己快速发展起来。因为黄希明白：上司或者同事看自己不顺眼，有时候不是无缘无故的，除了自己能力不足，还可能是自己不会待人处世。如果不想被人冷落，那就审视自己，提升自己。

我们可能会与章永芳和黄希有同样的遭遇，但我们要意识到，不同的人站在不同的立场，会有不同的看法。有时候，我们需要站在别人的角度上看看自己。自己果然有错了，就必须改正。需要注意的是，这并不是要我们被别人的意见所左右，被那些闲言碎语所影响，做事还是应当坚持主见。别人的评价有对有错，我们要做的是其中对的、值得我们去改变自己的那部分。其他的，我们无需改变。比如，有的人看见别人的发型就讨厌，这样挑刺的人，没有必要理会。

看我们不顺眼的人，促使我们不断完善自己。明白了这个道理，就应当正视他人的批评和冷言冷语，不断纠正自己，对批评我们的人说声“多谢指点”，真正对看自己不顺眼的人做出“谢谢”的表现，能更加完善自己的人格。

李特尔是18世纪德国地理学开创人之一，他慷慨地提拔年轻的批评者弗勒贝尔的故事是感人至深的。

李特尔非但不嫉恨和打击这位鲁莽的批评者，反而把他的批评文章推荐给一本著名的学术刊物，而且他本人还在公开发表的评论里，对这位青年学者的“敏锐头脑”和“真挚思想”大加赞扬。后来弗勒贝尔来到柏林，李特尔还热情接待，为他安排当时他极为需要的工作。一位受人尊敬的学术权威，如此对待一位毫不客气地批评自己的后生，是否会使那些害怕甚至敌视批评的人觉得汗颜呢?

面对看我们不顺眼的人，与他们争得面红耳赤没有任何意义，最后说不定还会成为别人说三道四的把柄。不如表现得优雅些，我们做得好，没必要争，因为别人看得清楚；我们做得不好，就说声“感谢”。

西方谚语说："恭维是盖着鲜花的深渊，批评是防止你跌倒的拐杖。"听惯了奉承的人常常狂妄自大，只有虚心接受批评的人，才能改正缺点，提升自己。所以，我们必须虚心接受批评，正视看我们不顺眼的人，让"不顺眼"变成一面矫正自我的明镜。

成功的人生，离不开反对你的人

很多时候，我们弥补不足也许很容易，但是要发现不足，却有些难度。而反对，却可以帮助我们解决这一难题。

我们总是习惯亲近那些支持我们的人。在我们看来，支持我们的人是和我们站在了同一条战线上的战友，他们的想法和我们相同，思路和我们相似，是我们"志同道合"的好朋友。因为他们支持我们，就这一点，我们和他们之间就已经亲近了许多。而对于反对我们的人呢？毫无疑问，很多人都会对反对自己的人持反感态度，甚至是抱怨和敌视。他们认为，反对自己的人，就是在给自己前进的道路设置障碍。

果真是障碍吗？或许是。因为反对的声音，很有可能会在一开始就阻住了我们前进的道路，让我们无法继续前进。这又是为什么呢？很简单，反对是一个特写的问号。那些传入我们耳中的反对声音，其实是在反复询问我们：这么做，真的是对的吗？因为有了这个特写的问号，所以我们要停下前进的脚步，来认真审视一下自己所走的路和所做的事。仔细看，多半会发现自己真出了问题。

在工作中，反对者说："我认为你的这种做法不太合理，所以并不赞成。"此时，不管愿不愿意，我们只能强忍着心中的不满，回过头来仔细看看自己的做法到底是哪里不合理。不看不知道，一看吓一跳，好家伙，原来还真的有不合理的地方，只是以前没有考虑到而已。现在既然发现了，当然要把不足的地方完善起来。想想看，如此一来，那个特定的问号，是不是在让事情朝着更好的方向发展呢？当然是！

我们希望自己所做的每件事情都会有更多的人支持，这本是一件无可非议的事情，因为支持者不但可以为我们出谋划策，还可以给我们更多的鼓励和勇气，让我们时时充满着自信。但是，当有反对的声音时，我们同样不能轻视，更不能置反对这个特定的“问号”于不顾，明明听到反对者的声音，却充耳不闻。如果是这样，我们的工作将难以完成得很好。

就算这个反对的“问号”并不正确，但它还是给了我们一次自查的机会。不管有用与否，这个特写的“问号”总是在帮助我们推着工作向着更好的方向发展。

贝尔斯是一个社区足球俱乐部的一名教练，他意志坚定、球技精湛，但是为人古板，教学方式总是一成不变。正因为如此，在他执教社区足球队的8年内却没有一次拿到冠军。

他认为，之所以拿不到冠军，全在于队员们不努力练习，为此他经常对队员们大发脾气，甚至骂走了他的助理教练。不久，社区又派了一个助理教练给他。这个名字叫杰里的助理教练非常有想法，他上任没有多久，就开始对贝尔斯的训练方法提出了反对意见。

这是一个大胆的行为，公然反对贝尔斯，在一般人看来无疑是一个费力不讨好的做法。而且，贝尔斯的脾气不好是人所共知的事情，杰里此时出言反对贝尔斯，无疑是拉响了战争的导火索。

然而，让众人疑惑的是，贝尔斯在沉默了几天之后，居然停止了他的训练方法。而且还听从了杰里的建议，把自己的训练方法加以改进，设计出了一套新的训练方法。更让人吃惊的是，采取新的训练方法后没过多久，球队的攻防技术都有了很大的提升，并且顺利地获得当年巴西社区足球联赛的总冠军。

战果还远不止于此，在接下来的好几个赛季中，这支球队又一鼓作气，连续夺得了9个冠军头衔。一时间，全巴西为之震惊。人们不明白，为什么一支这么多年都名不见经传的球队会在短期内一鸣惊人。贝尔斯说："无论你从事什么职业，一定要珍惜身边那些可以给你提出反时意见的聪明人。是他们，让你看到了自己的不足。"

确是如此。反对的声音就是一个特写的问号，你如果听从，它就给你一个反思自己的机会；如果不听从，它就会一直在你耳边唠叨，让你重视。这个特定的问号很重要，它就如同是深夜里的一杯咖啡，苦苦的、甜甜的，却可以让你的思路慢慢清晰。故事中的贝尔斯虽然一直在努力，但是思路却总是被禁锢在一个地方，他就是再努力 8 年，也未必能拿到一个总冠军，因为他的训练方法根本就有问题。这个问题要靠谁来发现？他自己显然不可能发现，那么当然就要依靠别人来发现。遗憾的是，8 年里却一直没有出现反对者的声音，直到杰里的出现。

现实中，我们也经常会遇到那些反对我们的人，那么，我们应该怎么办？这个问题很简单，因为我们已经知道了反对对我们有多重要，它可以让我们看到自己工作中的不足和缺陷。

反对的声音，能给我们带来反思

多听听反对者的声音吧。听完后不要生气，也不要抱怨，反对只是代表了另外一种不同的建议，这样的建议可以让我们在反思中找到自己的不足。

古希腊著名的思想家、哲学家和教育家苏格拉底曾这样说过："不要去感念那些表扬你言行的人，而要去感谢那些批评和反对你的诤友。"是的，表扬也许会让我们心中舒畅，得意非常，但却不会提醒我们前方的道路要如何去走。反而是那些反对我们的人，他们的反对或许不太入耳，但是却可以让我们反思。

二战期间，英国首相温斯顿·丘吉尔为了能及时掌握前方的准确消息并制定正确的军事策略，专门成立了一个办公室，它惟一的职责就是向自己报告坏消息以及反对者的意见。不管坏消息有多么的糟糕，也不管反对者的意见和自己的作战方案如何相冲突，他都要下属一五一十地向自己汇报。

有意思的是，德国的纳粹头子阿道夫·希特勒也有这一习惯，但刚好相反，他喜欢听好消息，喜欢下属们迎合自己的意见，却讨厌听到坏消息和别人反对的声音。他的秘书马丁·博尔曼摸清了这位暴君的脾气，从来都是报喜不报忧，而且处处迎合。这样一来，希特勒的耳朵里听到的全部都是好消息，他的所有作战策略都被奉为天条，没有任何反对的声音。正是这种情形，导致了纳粹最后失败的结局。

那些大胆而真诚地对我们的做法提出反对意见的人，其实是在帮助我们。他们既然反对我们，就一定会有反对我们的理由。这些理由就站在我们的对立面，它们虎视眈眈地望着我们，指出了我们从来没有考虑过的地方，让我们不得不进行思考：我的做法是正确的吗？

就是这个反思帮助了我们，让我们的工作可以精益求精，让我们的事业可以顺顺利利。我们不妨静下心来好好想一想：那些在工作中反对我们的人，他们反对我们的理由，真的是毫无道理可言吗？显然不会！如果真的是毫无道理可言，那也不会构成他们反对我们的理由。所以，无论对错，每一项反对都会为我们带来一种反思。这些反思或许会使我们的工作完成得更加出色，也或许会对我们毫无用处，但它们却必然能开动我们的脑筋，让我们对工作细加揣摩。从这一方面看，无论反对者提出的意见能不能使我们的工作完成得更加出色，对我们都是一种帮助。

牛顿从小就特别喜欢思考和自己动手做一些事情。上小学时，他更是迷上了做手工，并把奶奶给的零花钱攒起来买了锯子和斧头。有了这些工具，他每天迷着做手工，以至于学习成绩很差。

这天，牛顿放学回家，看见大人们正在村子旁边安装磨面的风车。他很好奇，就停下来仔细地看，连天黑了也不知道。从这以后，每天放学回家，他都要跑去看一阵子。

风车装好了，牛顿帮奶奶背着一小袋麦子去磨面，看着面粉从石磨里出来，他很开心，对奶奶说："回去我一定也要做一个风车。"

果然，回到家后，小牛顿就一头钻进了屋子，开始叮叮当当地忙个不停。过了些日子，他真的做出了一架小风车，不仅很像，而且用扇子一扇，风车就转了起来。奶奶慈爱地问他："你这风车能磨面吗？"小牛顿天真地回答："当然能。"

制造出的这个风车，成了小牛顿的骄傲。他很是得意，于是第二天上学的时候，就把小风车带到了学校。他把小风车摆到桌子上，使劲吹了一口气，小风车就转了起来。同学们围了过来，看着转动的小风车，都称赞小牛顿了不起。

这个时候，同班的卡特挤了进来，他大声说道："牛顿，你的风车做得也不怎么样嘛！它只是会转而已，你能讲出它会转的道理吗？"

道理？小牛顿一下子愣住了，自言自语地说："做风车还要讲道理吗？风车为什么会转？"看着牛顿发愣，卡特笑了起来："当然有道理啊，只会做而不知道风车转动的道理，算什么会做呢？"

突然间，牛顿对卡特的愤怒消失得无影无踪，满脑子只是卡特的反对声音。"看来自己真的不能算是会做风车，不知道风车转动的道理，是做不好风车的。"不知是谁伸手把小风车推到了地上，小风车摔坏了。牛顿看看周围吃惊的同学，对卡特说："你说得对，我还不会做风车。我要谢谢你，你告诉了我怎样才能做一个好的风车。"说完，他弯腰检起了地上那个摔坏了的风车，没有流一滴眼泪。

回到家里，他开始思考：风车为什么会转，要怎样根据风车转动的道理，做出一个最好的风车来。最后，他终于明白了风车转动的道理，做出了一架漂亮的小风车。不仅如此，他更是养成了凡事都要问为什么的习惯，尤其是当听到别人反对的声音时，更是认真反思。他知道，别人既然反对，那肯定就是自己做得不够好，只有多反思，才能从根本上解决问题。

我们以为，牛顿在后来可以取得这样大的成就，在很大程度上，是他善于思考的结果。他不仅善于思考，更善于从别人的反对声中，进行反思。在他看来，在别人的反对声中进行反思，比漫无目的地思考更有效果，可以更快捷地找到问题所在。

我们也应该重视反对者的声音。我们要记住：自己的观点只能代表一种看法，而反对者的观点和我们的不同，代表了另外一种看法。在工作的时候，我们不可能知道哪一种方法是正确的，就算我们很相信自己的能力也不行，因为再聪明的人也有考虑不全面的时候。既然如此，多听听反对者的意见，多进行一下反思，多从几个方面来考虑问题，是不是会使工作完成得更加漂亮呢？

反对你的人是一盏指路明灯

反对算得了什么？就算是为难，那么我们不仅应该感激这些为难我们的人，而且还要希望这种为难来得更猛烈一些。

如果没有了反对的声音，我们就容易沉醉在自己狭小的世界里而不自知；如果没有了反对声，我们就容易沉浸在自己盲目的喜悦中而忘乎所以；如果没有了反对的声音，我们可能再也听不到真实的声音；如果没有了反对的声音，我们将很难看清前方的道路。反对的声音是如此的重要，我们应该怎样去对待那些对我们发出反对声音的人呢？

我们要去感激他们。他们虽然反对我们，对我们有所怀疑，让我们感到为难。但毫无疑问的是，他们是一盏指路的明灯。有了他们，我们在人生的道路上将走得更为轻松，不至于因为跌跌撞撞而碰得鼻青脸肿。

反对我们的人，永远站在我们的对立面。他们不会像支持者一样为我们出谋划策，更不会像赞扬者一样为我们大声喝彩，他们只会给我们大泼冷水，告诉我们这里不对，那里不好。因为他们，我们满腔的热情会瞬间冷却下来，甚至会冻得瑟瑟发抖。可是，我们还是要去感谢他们。因为他们用那些并不明亮的火光，为我们照亮了一些黑暗的角落，那些角落里隐藏着我们的不足和缺陷。

当解决完这些不足或缺陷之后，我们前进的道路将会走得更加顺畅。2000 多年前，耶稣说过："尽快同意反对你的人。"现在，我们要说，不管同不同意反对我们的人，我们都要去感激他们，因为他们为我们指引了前进的方向。可不是嘛！反对者的苛刻意见，总是会让我们少走弯路。

长江三峡工程大江截流成功以后，引来了全国人民的关注。人们赞叹专家们的技术，歌颂建设者的奉献，认为他们的功劳很大。但是，在记者招待会上，当有记者问水利工程学家潘家铮教授谁对三峡工程的贡献最大时，潘教授却认真地回答："反对者贡献最大！"这一回答让所有人都很吃惊。为什么要这么说？难道三峡工程的领导者、设计者、施工者等的功劳都比不上反对者吗？还有，三峡库区的老百姓离家弃园，也付出了很多啊。难道这些，都比不上那些什么也没有做的反对者吗？

当然不是！潘教授非常肯定那些在三峡工程中付出努力的人们的功劳，但是他更希望人们不要忽视反对者对整个工程的意义。因为有了那些反对者的声音，整个工程才能进行得更加顺利，才不会出现问题。

这就是反对者的意义所在。在很多时候，反对者对我们的意义看似微不足道，实际上却是非常重要。据说，北京城当初的建设，就是因为听取了反对者的意见，保护古建筑，至今才能够古韵犹存。

我们也许会经常听到反对者的声音。不可否认的是，初听到反对者的声音，我们会感到极度的不舒服。尤其是当我们辛辛苦苦付出极大心血的时候，谁都想听到认同的声音而非反对的声音。无论在什么时候，反对者带来的都是一种否定的信息：因为做得不好，才会有人反对。

如果真的遇到这种情形，那么首先请冷静下来吧！反对不是否定，更不是排斥，它只是影射了另外一种信息，至于是否有用，需要我们用心去判断。

唐太宗和魏征是我国历史上一对非常有趣的君臣组合。为什么这么说呢？因为魏征是一个总是喜欢给唐太宗提出反对意见的大臣，而唐太宗则是个肯接受这些反对意见的君主。

魏征为人正直，看到唐太宗有什么做得不对的地方，总是能提出反对的意见，认为这也不行，那也不行。很多时候，他的反对意见弄得唐太宗非常不舒服。甚至有好几次，他的反对意见惹得唐太宗大发雷霆，想撤了他的官职。但是冷静过后，唐太宗还是接受了他的意见，从他的意见之中找出最合理的处理事情的方法。

因为有了魏征这个“反对者”，唐太宗的管理工作做得非常到位，使唐朝走上了繁荣之路，也正是因为能够聆听反对者的声音，才成就了唐太宗的一世英名。在历史上，唐太宗可以虚心接受反对者建议的美名，不亚于他管理国家的政绩。

据史书记载，魏征死的时候，唐太宗非常难过。他流着泪说：“一个人用铜做镜子，可以照见衣帽是不是穿戴得端正；用历史做镜子，可以看到国家兴亡的原因，而用人做镜子，可以发现自己到底做得对不对。魏征死了，我失去了一面最好的镜子。”

魏征不仅仅是唐太宗的一面镜子，更是唐太宗人生路上的一盏明灯。有了这盏明灯的指引，他才得以少走弯路。我们甚至可以说，正是有了像魏征这样“明灯”的指引，才会出现历史上著名的“贞观之治”。是反对者，让一切变得更加完善。

明白了这些，我们还会认为那些反对我们的人，是在瞧不起我们吗？好吧，就权当那些反对者瞧不起我们，那么对于这样的瞧不起，我们是不是应该调整一下心态呢？当然应该。对于这样的瞧不起，我们应该微笑着去面对。

一个人的宽容大度，在于是否能够接受反对者，倾听反对者的声音。我们总是会遇到形形色色的反对者，他们都需要我们诚心接纳。当然了，这需要排除一些心存恶意的反对者。有些反对者会出于一些私人的目的反对我们，并且无所不用其极。对于这类反对者，我们大可不必理会。不过在大多数时候，反对者的声音还是需要倾听的，我们要去倾听那些充满善意的反对者的声音。这类反对者，就是我们人生路上的明灯。

感谢嫉妒你的人，他会让你更强

别人的嫉妒点燃了我们自信的火种，势必将会越烧越旺。别人的嫉妒，也是一种前进的动力，因为它在提醒我们：如果跑得不快，我们将颠倒位置。

人们总喜欢将嫉妒列入劣质的道德品质之中，并对之大加讨伐。而被嫉妒的人呢，也总逃不出世俗的偏见，会因别人的嫉妒背上沉重的精神负担。被人嫉妒确实是一件不怎么让人开心的事，如果是单纯的嫉妒之心倒还没有什么，但在很多时候，极端的嫉妒往往会带来太多的困扰。嘲讽、白眼、敌对、阴谋、手段等，很多诸如此类让人无法忍受的事情，都源于嫉妒这两个字。

可以说，嫉妒是人类普遍存在的一种感觉，它不分社会地位、知识层次、经济水平的高低。它无处不在、无处不有，只要是存在差异，就会有嫉妒。因为嫉妒带来后果的多样化，所以往往会给人产生很坏的感觉。因为嫉妒，有同事总是冷言冷语地挤兑我们，所以我们心里很不舒服；因为嫉妒，自己升职了好朋友却不来祝贺，所以我们心里感觉很不舒服。这就是嫉妒，让我们感觉非常不爽的嫉妒。嫉妒带给我们的影响，让我们很难适应，也很难接受。因此，我们就要去恨那些嫉妒我们的人吗？

古希腊的哲人说过："嫉妒是对别人幸运的一种烦恼。"从这里我们是否可以看出，别人为什么嫉妒我们？很简单，因为我们幸运，因为我们幸福，因为我们快乐。我们在工作上得到了晋升，这是我们的幸运，那些对此可望而不可即的人因此而嫉妒；我们获得了一笔不小的收益，这是我们的幸福，那些错失这些收益的人因此而嫉妒；我们交了一个聪明漂亮的女朋友，这当然是我们的快乐，那些羡慕我们的人因此而嫉妒。可是，那只是他们的烦恼，就算他们因为这些烦恼而做出一些过激的举动，我们也没有必要去痛恨他们。他们看到了我们的长处，看到了我们的潜力，他们的嫉妒其实是对我们的一种肯定。我们没有必要去痛恨肯定自己的人。

但是只是这样，还不足以让我们去感谢。我们之所以说要去感谢那些嫉妒我们的人，是因为他们在肯定我们的同时，还给了我们强大的自信，更给了我们前进的动力。

站在同一起点上，我们已经比别人跑得快一些，那些嫉妒就是最好的证明。有了这些证明，我们的自信心开始膨胀起来：现在我们已经比别人做得好了，那么，我们完全有信心在以后做得更好。

我们知道，如果自己不快速向前跑的话，那些嫉妒我们的人，将会通过各种方式追上我们，到那时只有我们去无奈地嫉妒别人了。如此，我们敢不快跑吗？

所以无论如何，我们要将嫉妒带给自己的伤害放到一旁，面带微笑，对那些嫉妒我们的人说声谢谢。谢谢他们给了我们自信，谢谢他们让我们走得更快，变得更强。

有两只老鹰，它们一起长大，一起高飞，一起觅食，一直都是相安无事。但是后来，其中的一只老鹰开始对另外一只老鹰不满起来，原因是，它自己飞得很慢，而另外那只老鹰却飞得很快。

每次一起觅食，飞得快的老鹰总是能捕捉到很多食物，而飞得慢的老鹰一直收获甚少。虽然飞得快的老鹰总会把多余的食物慷慨地分给它，但还是不能消除它心中的嫉妒：我尽了最大的努力，才捕到这么一点食物，而它却因为飞得快一些，就可以得到这么多！太不公平了！上帝真是偏心，把好的都给了它！

嫉妒之火在燃烧着它的心，终于有一天，它悄悄地对一个猎人说："前面有只飞得很快的老鹰，你如果用箭射死了它，我将送给你一只又大又肥的兔子。"猎人答应了它的请求。

猎人搭弓射箭，射向了那只飞得很快的老鹰，只是没有射中。突如其来的箭矢让飞得快的那只老鹰惊慌失措，它拼命地向前飞，越飞越快。

猎人一边拿出第二支箭，一边对飞得慢的老鹰说："看来，是我的箭上缺少了一根羽毛，你可否拔下一根？这样的话，我就可以射得准了。"老鹰二话不说，马上拔下了一根羽毛。可是，猎人的第二箭依然没有射中飞得快的老鹰。猎人又向老鹰要第二根羽毛，可依然没有射中。

就这样，箭一支支地射去，可怜的老鹰身上的鹰毛也在一根根地减少。终于，飞得快的老鹰渐渐远去了，而飞得慢的这只老鹰，因为没有了羽毛，再也不能飞，被猎人一把抓住了。它成了猎人的下酒菜。

死后的老鹰并不甘心，它的灵魂来到了天堂，向上帝倾诉自己的不公平遭遇。上帝听完它的话，笑着对它说："来，你听听你的朋友在说什么！"

它仔细倾听，果然听到了那只飞得快的老鹰的声音："谢谢你，我的兄弟，虽然你的嫉妒差点害死了我，但却让我知道了怎么样才能飞得更快，我现在已经成为全族飞得最快的老鹰。我相信，在不久的将来，我一定可以成为新的鹰王。真的谢谢你，我的兄弟。"

这只老鹰心中一震，说不出话来。上帝说：“愚蠢的人会因为嫉妒而去想方设法地害别人，他们以为拉下别人自己就会变强，那其实是错误的，如果不能把嫉妒当成前进的动力的话，自己永远不能取得像别人一样的成就。现在知道你的朋友为什么会飞得快了吗？它虽然被别人嫉妒了、设计了，但是这些设计和伤害也成了它前进的动力。它抓住了这个机会，使自己变得更加强大。”

第八章 傲看卑微的自己，最低层是职场的福地

在职场中，你可能得不到重用，也没有职位，是一个被人领导、被人使唤的灰领；你尽管十分努力，但是获得的薪水还是少得可怜。但是，卑微的身份和最低的职位往往是一个成功者的起点。那些把你放在最低层的人给了你历练自己的机会，让你积累成功的经验，从这点说，最低层是职场的福地。

职场往往让人从低层升迁

有些人，在职场打拼很多年，总觉得工作很苦很累，总得不到升迁，原因之一就是只有十分的能力，却总想着做十二分能力的事情。所以，眼高手低的人很难做出显著的成绩来。

胡适有这样一个比方：一个有做诗天才的人，不进中文系学做诗，而偏要去医学院学外科，那么，文学院便失去了一个一流的诗人而医疗界却添了一个三五流的外科医生，这是国家的损失，也是他自己的损失。这真是一个绝妙的比喻。从胡适先生的话中我们不难悟出这样一个职场道理：做力所能及的工作才是自己最好的选择。你是一个厨子，那么最佳的工作岗位就是灶台，让你上T形台，你一定走不好猫步，走不出专业模特的风采。在职场上，面子大小、收入多少不是你职业的风向标，懂得做力所能及的工作，才是你的职场之道。

哈斯曼大学毕业后在银行上班。一天，经理把他叫到办公室，对他说："哈斯曼，我看了你的工作情况，你没能按照我们的要求去做好。"

"我一直很努力的。"哈斯曼说道。

"问题就在这里，"经理说，"你一直很努力，但收效甚微。看来，你对这份工作有点力不从心，再做下去，恐怕你就浪费时间了。"

哈斯曼用双手捂住脸说："那样我爸爸妈妈会难过的。他们一直以我获得这份体面的工作而骄傲。"

经理用一只手抚摸着哈斯曼的肩膀。"人的才能各不相同，"经理说，

“工程师不识简谱，音乐家背不全九九表，这都是正常的。但每个人都有特长——你也不例外。终有一天，你会拥有一份适合自己特长的工作。到那时，你的爸爸妈妈也会为你骄傲的。”

此后，哈斯曼再没去银行上班。那时，因为工作难找，大学毕业的哈斯曼就替人修剪园圃里的花草。不久，顾客们开始注意到，凡经哈斯曼修剪的花草都非常的繁茂美丽，经他布设的花圃无不令人赏心悦目。

一天，哈斯曼经过市政厅，他注意到市政厅后面有一块污泥浊水、满是垃圾的场地，便走进市长办公室对市长说：“市长先生，你是否能答应我把这个垃圾场改为花园？”

“市政厅没有这笔钱。”市长说。

“我不要钱，”哈斯曼说，“只要允许我办就行。”

市长很惊异，他从政以来，还不曾碰到过哪个人办事不要钱呢！于是，他批准哈斯曼来处理这块空地。

第二天，哈斯曼拿了工具，带上种子、肥料来到目的地。

“市政厅后面的垃圾场要变成花园啦。”消息很快传遍了小镇。一些热心的市民给他送来树苗；也有一些相熟的顾主给他送来了玫瑰插枝。小镇一家最大的家具厂居然表示要免费承做公园里的条椅。

不久，市政厅后面的垃圾场就变成了一个美丽的公园，绿油油的草坪，弯弯曲曲的小路，人们坐在崭新的条椅上能听到鸟儿在唱歌。全镇的人都在说，哈斯曼办了一件了不起的事。最让哈斯曼想不到的是，人们通过这个小小的公园看到了哈斯曼的才干，一致公认哈斯曼是一个天生的园艺家。

后来，哈斯曼建立了一个园艺设计公司，他的业务扩展到周边的几个城市，生意红火极了。

也许你会认为这是一个平淡而老套的故事，但就是这么一个小故事，告诉了我们一个很深刻的职场道理：一个人干什么这并不重要，关键是自己适合做这件事，是做自己力所能及的事，这样，就会成为职场成功的人。哈斯曼不会英语，也不懂微积分，化学对他来说更是一窍不通，但色彩和园艺是他的特长，是他力所能及并且可以做好的事。正是因为他从事了这份工作，才成就了自己职业的成功。

2002年，胡玉宝大学毕业，他的很多大学同学毕业后都走进大都市找工作，而毕业回到家乡的胡玉宝报考了安徽六安市首批大学生村官，被分配到离家不远的村委会工作，分管新农村建设工作。

村民都说胡玉宝亏了，选择了一个既没钱又没权的职业，因为进村当村官，工资又低，家里又没有“后台”，能混个村长就不错了，再往上升迁比登天还难。

对于自己的选择，胡玉宝没有太多的遗憾，他认为，自己就是本村人，又是大学生，自己到基层农村工作绰绰有余。

可事情并不像胡玉宝想象的那样容易，刚到村里，他连“芒种、春分”都分不清楚，许多农作物也都叫不上名字；村里讨论农事、处理村民之间的纠纷他也插不上话，感觉工作很吃力！

可是，倔强的胡玉宝不服输，他想到，既然大事做不了，小事又做不好，那就放下大学生的架子，从自己力所能及的事做起，这样去历练自己。

于是，在村干部的帮带下，他走进田间地头，经常和村民拉家常、请教农事、熟悉村里的大小事情。村民小组有几户人，村里有几户空巢老人……胡玉宝把自己所在的村情村貌牢记于心。当胡玉宝把自己能做的事都做了以后，突然发现工作不再那么吃力了，村里的很多事也能提出一些有价值的意见来。

胡玉宝大学学的是农林专业，为了在新农村建设中学有所用，让自己的所学为村民带来好处。在实地考量后，他亲手为村里环保沼气池等一些新建项目设计草图，给村民节省了一笔设计开支！

很快，村民们觉得，眼前这位乳臭未干的小伙子，成了他们最好的村官。

更让村民意想不到的是，2008年，由于工作突出，胡玉宝被县里破格选派到镇里任副镇长，他也成为了县里最年轻的科级干部。

“俯下身子做人，从力所能及的事做起，扎扎实实地走好村官的每一步！”这是胡玉宝在自己的民情微博中写下的一句心里话。或许就是这句话，让胡玉宝迅速成长为一个年轻有为的干部。

在短短的3年时间里，胡玉宝从一个初出茅庐的大学生成长为副镇长，很大原因就是他放下大学生的架子，从力所能及的事做起，并做好了自己能做的事和该做的事。

在职场中，做那些自己力不能及的工作，只会是费力不讨好，领导看重的是结果，做不出成绩，一切都是白费。所以，不管你能力强弱，只要懂得从力所能及的事做起，你就会在职场中做出成绩。所以，当你选择职业时，你要问问自己：在职场中，我要成为一个什么样的人，该做什么样的事。不怕工作卑微，也不要在乎收入少，更不要担心没有升迁的机会，只要埋头把力所能及的工作做好，你就会有高收入，获得高职位，你就会赢在职场。

第一份薪水你不必太计较

我们知道大多数人都希望能得到更高的薪水，但在你获得高薪水之前，一定要做好选择，明确自己到底需要一份什么样的工作，千万不要让薪水问题绊住了前进的脚步。

在现代职场中，有些人最关心的往往不是工作能不能做好，而是薪酬多不多。在他们的眼中，薪酬是自己身价的标志，绝不能拿得少，也不能低于别人。一旦发现自己的薪酬低于最初的预想，他们在工作中就会敷衍了事，能偷懒就偷懒，能逃避就逃避，并且振振有词："得少干少，得多干多，给我多少钱我干多少活，公平！"这些人只知道向老板索取高额薪酬，却不知自己能做些什么，更不懂得放下自己虚高的身价，实实在在、踏踏实实地做事，用业绩来赢得报酬。

冯元进入一家做出口玩具生意的公司上班，工作环境和待遇都让她比较满意，她很快便投入工作中。

在几位老同事的指导下，冯元的工作做得很让老板满意。但一个月后，冯元发现公司里她学历最高，工资却是最低的，干的事也不少，她感觉很不平衡。

老板发现冯元工作有情绪，就找她谈话。得知原因后，老板告诉她只要她工作做得好，公司绝对不会亏待她。但冯元要求老板要么提高她的月薪，要么多拿提成。

老板解释说，冯元的薪酬是按照职位定的，这是公司的制度，不能随便更改，况且冯元是新人，刚进公司没有工作经验，还需要老员工带带，在冯元没给企业创造出效益之前，不能提高薪酬。

最终，老板没有做通冯元的工作。一个月后，老板没有给冯元加工资，也没有给她多拿提成。

冯元很气恼，决定吓唬吓唬老板，于是，她给老板递交了辞职信。冯元的本意是，自己的能力老板是认可的，况且公司很难找到像她这样专业对口的员工，便佯装辞职逼老板给自己加薪。

但让她意外的是，老板接受了他的辞呈。

老板的态度让冯元后悔莫急，为了继续能在公司上班，他找到老板，向老板道了歉，准备要回辞职信。老板对她说："在我看来，能证明你身价的不是薪水，而是你做事的态度和能力。这是你的第一份薪水，但你收获的不仅仅是薪水，不管是多少，我希望你能无条件接受。"

宽厚的老板最终原谅了冯元。

作为一名优秀的员工，是不会狭隘地把薪水放在第一位的，而更愿意将工作视为一种积极的学习经验的过程。他们更看重工作背后品格的塑造和能力的提高，所以能发掘出每一项工作中所包含的人生成长机会。

看待工作的眼光要放远一点，薪酬一时的高低并不能说明什么。如果努力，你会发现第6年的收入会是此前5年薪水的总和。如果这样去思考，刚毕业的那几年，攀比薪水便没有太多的意义了。

无可厚非，我们第一份工作遇到的焦点问题无疑是薪水问题。如果一个人太看重第一份工作的薪水会有害职业前途。

安·莫尔从商学院毕业后曾经有许多选择，但她最终还是选择了其中待遇最低的时代集团。她说："虽然有许多助学贷款要还，但我还是选择了这份工作，因为我喜欢杂志。当时我的同学没有一个人能理解我为什么会这样做，但25年后我们再次重聚的时候，他们彻底明白了。"同学重聚的时候，安·莫尔已经是时代集团的主席兼CEO了，成为了"杂志女皇"。她还说："你不能单凭赚钱多少来选择自己的职业。我当然希望能多赚钱，而且这份工作也的确给我带来了不错的收入。但如果只是按照赚钱数量来选择职业，我很可能会踏上一条完全不同的职业道路。"

一个人，如果选择自己心爱的工作，并想在这个行业有大的发展，不妨把薪水看淡些，因为现实中那么完美的事很难发生。为了追求自己真正热爱的事业，许多人甚至会在职业生涯刚开始时便拒绝许多高薪工作。这样的人最终会成为真正的赢家，无论是从心理满意度还是从物质待遇上来说都是如此，因为在做自己喜欢的事情时都会比较容易成功。

因此，在选择第一份工作时，千万不要把薪水看得太重。一个职位可能没给你提供很高的薪水，特别是在毕业时找的第一份工作，但如果在这个职位上能够学到东西，从做人做事各方面能够给你补充"营养"，就不应放弃，哪怕是最基础的入门工作。

有人曾把职业生涯比做一场体育比赛，有初赛、复赛、决赛。第一份工作无疑属于初赛阶段。初赛时，大家都刚进入社会，大多数是实力一般的人。这时候努力一点，认真一点，很快就能脱颖而出。于是有的人 20 多岁做了经理；有的人迟一些，30 多岁成了经理，最终赢得了初赛。接下来是复赛，这时单靠一点点努力和认真还不够，还要学会在职场中低头。

看上去赢得复赛并不容易，但还不是那么难。因为这个世界的规律就是给人一点成功的同时让人骄傲自满。刚刚赢得初赛的人往往不知道自己赢得的仅仅是初赛，有了一点小小的成绩，大多数人会骄傲自满起来，自认为已经懂得了全部，不需要再努力再学习了。

所以，如果把第一份工作看成是初赛，我们就不应该计较自己的第一份薪水。

1994 年，唐骏卖掉自己的公司加入微软，成为一个打工者。当时，唐骏拥有的公司都在赚钱，他的决定遭到了全家人的反对。

当时的情况是，小两口刚刚过上了好日子小生命在孕育，唐骏的父母也到了美国全家团圆——32 岁的唐骏和 30 岁的孙春兰，终于过上了安稳幸福的生活。结果唐骏竟然要关掉公司搬到西雅图，去微软做一个普通的软件工程师，而年薪只有 5 万美元，只有他当老板时所赚的一个零头。

唐骏对妻子说："我们的公司现在主要是以给日本的软件公司做外包为主，你在日本的时候也知道，日本人对微软有多么崇拜。前几天我跟客户无意中说起我要去微软总部面试，他们竟然都很崇拜我，觉得世界上最优秀的软件高手才有机会去微软工作。而且他们说，我去了微软，可能会把单给我做，而且是比以前更大的单。所以，我去微软就是镀金去了。两年以后我再出来，那就是有金字招牌的软件工程师，到时候接单就更容易了……"

唐骏就这样把孙春兰给说服了。唐骏后来总结说，这是他生活中最得意的一次沟通。后来他进入微软，踏入职场生活，他的沟通谈判潜能完全施展开来，几乎是无往而不利的。主要有两个原因，一是他态度正确，从来都是和颜悦色，两个人坐下来把问题摊开来心平气和地说明白、讲清楚；第二是目的正确，沟通的最终目的是大家达成共识，把事情做好，而不仅仅是为了某个人的个人利益。只要坚持这两点原则，那还有什么问题不能解决呢？

随后，一家人都随他去了西雅图，唐骏也加入了微软公司做程序员。他们在西雅图买了他们的第一所房子。对于唐骏来说，加入微软就是他人生最重大的一个转折点。他走上职业经理人的道路——这也是一条指引他走向成功的道路。

从一个成功的老板到打工者，在一般人看来，这是个吃亏的买卖，但唐骏做了。如果唐骏太注重自己的收入多少，可能就不会有“打工皇帝”的传奇，更不会有“盛大”的辉煌。所以，在职场中，要做大，就一定要敢于“做小”。职业生涯首先需要关注的就是自己，弄清楚自己想要什么？大多数人大概没想过这个问题，惟一的想法只是：我想要一份工作，我想要一份不错的薪水。大多数人都希望能得到更高的薪水，但在获得高薪水之前，一定要做好选择，明确自己到底需要一份什么样的工作，千万不要让薪水问题绊住了前进的脚步。

对于刚进入职场的新人来说，现在是有人支付你薪水让你接受教育，你千万不要计较你的工作负重与待遇，尽量去接受折磨，积累经验。要把第一份工作、第二份工作作为你学习的一部分，而不是你马上挣钱的工作。你要看这份工作在未来能带给你什么样的回报。所以，在工作和薪水之间做选择时，要将目光放长远一点，切勿只看重眼前的利益，最终捡了芝麻，丢了西瓜。

慢慢来，一步登天不可能

任何一个人的成功都不是在短时间内完成的，只有放下自大的心态，先把第一步走好，走得稳当，才可以迈出第二步，才能把每一步都走好。

有位职场达人曾经说过这样一句话："职场就像一根跨在悬崖之间的钢丝绳，你必须踏实走好每一步，要是随意迈步了，你可能会掉下去万劫不复。"这句话揭示了职场上一个很简单的道理：要想在职场上叱咤风云，首先必须学会踏实走好每一步。

一个人即便自身具备的条件很优越，他一次也只能迈一步——这是十分浅显的道理，就像一个刚会走路的婴儿，如果步子跨得太大、太快，必然会栽倒。

高文博毕业之后做过好几种工作，或许是运气不好，每一份工作，不是薪水低得可怜，就是工作强度大，因此，他在初入职场的半年里不停地跳槽。

这一次，高文博又在一家电脑公司做了库管。与其说是库房管理员，还不如说是搬运工，每天都要不停地搬卸货物，清点库房。不久，他累得实在是坚持不下去了。

主管看他要辞职，就对他说："小高，我看你是个聪明能干的人，你在这做不下去，不是因为你的能力不够，而是你不明白一个道理。"

高文博说："是什么道理能让我有一份很好的工作？"

主管说："职场上的每个人就好比是站在金字塔里，按照能力由低到高的顺序，分别站在由低到高的不同层里。在最底层的是人力、第二层是人手、第三层是人才，在塔尖的是人物。在工作中卖力气就是人力，熟悉掌握工作、能应付突发事件是人手；在工作中提出创造性方案的是人才，能管理公司的是人物，你看看你在职场第几层？每个公司就是一座金字塔，你如果只是不停地在各个金字塔之间穿梭，而不去提高自己的本领，那你永远都只能在最下面的一层。”

听了主管的话，高文博又继续回到了自己的工作岗位，认真地工作着。

和主管谈完话之后，高文博像变了一个人一样，每天搬卸完货物之后，他会走进库房里清点产品，并且把出货的型号、数量都牢牢记在心里。因为对库房的产品非常熟悉，所以节省了客户取货时间，客户对高文博的办事效率赞不绝口。

因为工作出色，公司让高文博专门负责管理公司产品的保管和运输。高文博比以前更加努力地工作了。高文博发现，因为公司卖出电脑后都有后期的上门保修．但经常因为人力不足而让保修人员应接不暇。高文博看到后，就开始利用工作之余学习电脑修理知识。

很快，高文博能利用休息时间帮着保修部门的同事修理电脑。时间一长，高文博练就了过硬的维修电脑的本领。

半年过去了，高文博工作很顺利。一天，高文博偶然间听到笔记本电脑在学生中很受欢迎，他便向经理建议挖掘这个潜在市场。

在随后的日子里，高文博开始卖手提电脑，并把市场越做越大，在短短一年的时间里，他居然就成了公司里的销售明星。

后来，经理被任命为集团的副总，高文博成了公司的副经理。

如果说高文博的故事是灰领到金领的传奇，那么，还不如说他是踏实工作的典范。初入职场的人都很难有好的工作，职场达人必须有一个成长的过程，这个过程需要从低层做起。所以中国化学集团技术总监王碧曾经说：“年轻人，无论你多么优秀，刚出校门就只想搞策划、搞管理，就想做项目经理、做总工程师是不可能的。因为你对新企业的了解和对实际的工程技术、对员工了解知之甚少。因此，没有哪一个决策者敢把重要的位置让刚刚走入职场的牛犊们来掌管，对于这些渴望成功的年轻人来说，最迫切要做的就是默不作声，走好当下的第一步路，干好眼前的第一件事。”

万丈高楼平地起，一个人要想赢在职场，首先需要做的就是扎扎实实地把基本功练好，把职场第一步走好。要放下自尊，耐得住寂寞，培养起一种务实的精神，只有具备了这种精神，才可以扎扎实实走好第一步，步步为营，打好事业基础，这样你的事业大厦才可以一天天的增高。

一个职场达人的成功是需要一个过程的，是需要每一步都走得非常出色的，然而这个过程并不是任何文凭、学位可以缩短或替代的，它需要你从第一步就开始做好，然后步步为营，经历一段时间的积累，最后水到渠成达到事业的成功。

要做老板，先做打工的

那些想赢得职场的人，一定要牢记：先学会低头给别人打工，然后才能昂头让别人为自己打工。这才是一条通往成功职场的王道。

在职场中，流行着这样一句话：“不想当老板的职场人不是一个好员工，要想当老板的职场人必须先打工。”很显然，不是每个人一生来就是大老板，也不是每个人第一份工作就是CEO。可见，想当老板的职场人固然是好的，说明你有一个远大的抱负，渴望在职场上展现自己，建功立业。但是要知道，老板不是人人可以当的，老板也不是随便可以当的，纵观职场上那些成功的大老板、那些著名企业的CEO和那些集团公司的总裁们，他们几乎都有一个成长的过程，他们当中的很多人都是从基层一步一步爬上来的，大部分刚开始的时候还是一名普通的小职员，任人摆布的打工仔。

在现代职场中，有很多人都存在着这样的职业观：“创业是最好的择业方式。”他们认为与其辛苦地到处找工作，与其做一个任人宰割的打工仔，不如自己创业当老板。

众所周知，创业要比找一份工作艰难得多、复杂得多，尤其对于一个刚进入职场不久或刚刚步入职场的人来说，自己当老板更不是一件说干就可以干的事情。创业不仅需要资本，更重要的是需要经验，需要对职场的一种深思熟虑，能够很好地把握市场，洞悉职场。它需要很多条件、很多因素的综合作用，而不是仅凭着自己一时的爱好和冲动去创业。如果一个人只为了当老板而当老板，过于草率、盲目地去创业，那么，他的创业之路一定不会走得很远，因为他还什么都不会，甚至连一份工作都做不好，怎么能够去领导一个企业、一个公司在市场的大潮中前进呢？

在现实生活中，很多人都想成为像比尔·盖茨一样的人物，也有很多想复制比尔·盖茨的成功，所以很多的年轻人选择了创业。他们会说：比尔·盖茨连大学都没有读完就去创业了，我已经大学毕业了，甚至是硕士生、博士生毕业了，为什么要去找一份寄人篱下的工作呢？

但是，你有没有发现，放眼全球职场，有几个人最后成为比尔·盖茨第二呢？很多的人都在模仿中失败了。因为他们忽视了比尔·盖茨创业的条件，盖茨的创业不是盲目的，因为他所掌握的知识和能力已经远远超出了大学老师所能传授的范围，在大学学习是在浪费时间，他已经具备了创业的基本条件，所以他连毕业证都没拿到，就退学了。这与那些盲目创业者、对知识和能力还很欠缺的人来说，是两个绝对不同的概念。

陈玉洁是上海复旦大学金融学专业的一名学生，并且担任着金融系学生会主席一职。大学期间，她不仅各门功课的成绩十分优异，而且参加组织过多次在校园金融专业知识方面的演讲，自己的多篇金融学论文在国家著名期刊上发表。在家庭背景上，她是上海市一家公司老板的女儿，家境条件优厚。在她看来，凭着自己的知识、经济条件和个人能力，她已经具备了创业的能力。于是，在父母的资助下，她租了一套写字楼，注册了一家投资公司，并且在半年后退学了，准备提前进入职场大干一场。

可是，好景不长，对于创业初期的她来说，困难很快就接踵而来。由于资金流通不畅，公司很快陷入了被动的局面。更重要的是她发现，原本在大学里学得如鱼得水的知识在实际运用中有些根本行不通，而且金融市场的信息瞬息万变，很难准确地掌握。这时，陈玉洁才知道自己缺乏丰富的行业经验，仅仅凭专业知识、个人能力以及良好的家境还是远远不够的，陈玉洁感到公司经营越来越难。

由于陈玉洁低估了投资风险，再加上一些资历很深的投资公司的残酷竞争，让陈玉洁的投资公司一步一步陷入了绝境。不仅投进去的资金被市场套牢，而且很多顾客纷纷要求撤出投资，去找那些名气大、规模大的投资公司。即使原来她有几个经营得不错的合作伙伴，也都是一些很小的公司，根本应付不了剧烈的市场竞争。

一年后，陈玉洁的投资公司破产了。创业失败的陈玉洁痛定思痛，进入了一家大型的、资质不错的投资公司，做起了一名普通的投资职员，决定从最基本的业务开始做起，等到自己成熟后，再图东山再起。

从陈玉洁的创业经历可以清楚地看出，老板不是那么容易做的，比尔·盖茨也不是那么容易复制的。她之所以会失败，其中最大的原因就是把创业简单化了，把当老板看作是一件很容易的事情。没有调查清楚行业的市场状况就开始创业，必然会遇到一些出人意料的困难，最后失败也是必然的结局。

因此，要想成功，还是应该从最基础的开始，要想当老板必须要先学会打工。比如要想开个酒店，那就首先从酒店服务生做起；想要成为时装设计师，必须先从裁缝员做起。

当一切条件还不具备的时候，我们就得把创业前期的准备工作做好，做得更扎实，切忌一踏入职场就好高骛远，瞧不上普通的工作，认为自己生下来就是做大老板的料。如果在还没搞清楚自己是否适合创业，还没看透项目的市场前景、竞争对手的情况以及合作伙伴的背景等诸多因素的前提条件下，就去盲目冲动地创业，那么等待你的必然是失败的苦果。

到目前为止，世界上只有一个比尔·盖茨。因此，如果你还不是一个超凡脱俗的职场人，事业的第一步不是从做老板开始，而是应先学会打工，在打工中摸索怎样去做一个成功的老板。

高斌今年35岁，是一家广告公司的老板，并且公司经营得不错，令很多同业者钦佩。

在他20岁的时候，就进入了一家广告公司。刚开始的时候，他只是这家广告公司的一名普通的调研员，每天在各大商场、大街小巷搞调研，以获得第一手的广告资料。然后一步步升为广告策划员、策划部主管、部门经理，最后一直做到了这家公司的总经理。这个过程，他花费了将近15年的时间，在这15年里，他积累起来了丰富的营销经验和客户关系。这时，高斌觉得自己创业的各种条件都已经具备了，可以不再给别人打工了，于是，果断放弃了总经理的职位，创立了一家广告公司，在公司成立第一年营业额就做到了几千万元。几年后，他成功地收购了他原来工作的那家广告公司。

当朋友问起他的创业经验时，高斌只简单地说了一句话：“先给别人打工，再让别人给你打工。”

可见，要想成为一个成功的创业者，一个合格的老板，就必须先学会给别人打工。当自己的经验积累、人脉关系、资金实力都达到一个比较成熟的层次后，就可以跳出来去创业，那将会变成一件水到渠成的事情。也许在很多年轻人看来，高斌35岁才开始创业，失去了很多宝贵的时间和机遇，但是要知道他创业成功的概率却是大大提高了。

其实，那些很多创业失败的教训告诉我们，成功往往来源于先学会低头，然后才能够出头。只有你先从一个毫不起眼的打工仔做起，把所有的本事都学全了，这样你才能成为一位声名显赫的大老板。纵观那些著名的成功者，比如李嘉诚、卡耐基、无不如此。

大的成功，往往起底看似卑微的事

莎士比亚说："一份卑微的工作是要用一个高尚的心态去忍受的，一件最卑微的事情往往指向最伟大的目标。"

无论你从事什么样的职业，只要认真去做，即使再微小的工作，也会把它做好，做完美。因为大的成功，往往起底看似卑微的事。

牛静是安徽省合肥市源牌集团的一名高管，在公司一次裁员中不幸下岗了。失去工作心里很不是滋味，牛静是吃不下睡不香。

一天，她在菜市场边看到了一个和她差不多年纪的妇女正在给来往的人擦鞋。这立即给了她灵感：如果开一家擦鞋店，成本不会很高，而且目前市场上还没有这样的店，竞争很小，这样收入一定不错。

但是，当她把自己的想法告诉丈夫的时候，遭到了丈夫的反对："擦鞋？每天和臭鞋子打交道，你恶心不恶心？再说，不就下岗了吗？就是饿死我也不会让你做这样丢人的工作。"

"只要有市场，又能挣钱，有什么不好？"牛静反驳道，"为人服务，怎么就丢人了？"

丈夫最终犟不过牛静。于是，牛静租了一个客流量相对多的门面，买了擦鞋的用具，这样，合肥市第一家室内擦鞋店诞生了。

为了吸引客源，擦鞋市场价一般为2元钱一双，她收1元一双，这样一来，很多人都来到了她的店擦鞋。由于生意忙，每天她早早地开门营业，还雇了4名员工，一天下来要擦300多双皮鞋，有时忙得连吃饭、喝水的时间都没有。

很快，她就赚到了自己的第一桶金。于是，她将自己的擦鞋店又重新装饰了一番，配上了空调、饮水机和好看的鞋箱，员工也统一着装。她还给店取了一个好听的名字“用心擦鞋店”。这样，她把一份在别人眼里很不起眼的工作做得红红火火。

最后，牛静与人合伙，注册了“合肥一元擦鞋有限公司”，自己当上了老板，并吸引那些在街头小巷零散的擦鞋工加盟，形成连锁店。牛静不收加盟费和培训费，只要遵循统一的管理模式，用心经营就行。

短短的几年光景，牛静的一元擦鞋公司已经家喻户晓，并且连锁店遍布全国各地。

在很多人看来，整天和臭鞋打交道还不如去捡垃圾，这是一件很不体面的工作，可是，牛静是个争气的人，她一点也没有觉得这是一份很卑微的工作，而是用一种高尚的心态去做一份卑微的工作，每天起早贪黑，忙碌个不停。正是她没有傲视这份卑微的擦鞋工作，最终她成功了。

这正如台湾的女作家杏王成林所说：“如今社会，昂首阔步、趾高气扬的人比比皆是，而这些人往往空有一副高贵的空架子，长着一颗高贵的头，却没有高尚的灵魂。”很多人为自己争气，也因此成为成功者的典范。

罗布·洛克琼斯出生在美国佛罗里达州的一个贫穷的单亲家庭，他创立了世界上惟一一个黑人教育中心。他不仅是黑人运动领袖，而且打碎奴隶制的枷锁，为他自己和他的种族带来了巨大的希望。

他总是教育自己的黑人同胞从最卑微的事情做起，教育他们如何在一些白人看不起的行业里学会生存的本领。最终，罗布·洛克琼斯成为了美国教育史上不可忽视的一位伟大的改革家和教育家。

在他年轻的时候，他在煤矿从事挖煤工作，邻居经常嘲笑他，说他“天生是一个干苦力的”。每当听到这样的话，罗布·洛克琼斯总会很认真地纠正说自己不仅仅是个挖煤的，而是给佛罗里达州带来温暖的天使。在寒冷的冬天，每次透过窗户看到人们围着火炉高兴的样子，他都为自己是一个矿工而感到骄傲。

矿山老板罗纳家里缺一个服侍罗纳太太的佣人，虽然罗纳太太对佣人要求非常苛刻，但罗布·洛克琼斯还是决定去服侍罗纳太太。于是，罗布·洛克琼斯由一名矿工变成了佣人。邻居们又嘲笑他说：“看，我们的苦力变成家奴啦。”罗布·洛克琼斯听到后会笑笑说：“罗纳太太对我很满意呀，我现在是她一个人的天使。”

的确，因为罗布·洛克琼斯工作很出色，罗纳太太很喜欢这个年轻人。为了报答罗布·洛克琼斯，罗纳通过自己的关系，让他每天下午去吉尼普顿学院听一个小时课。就这样，洛克琼斯从一个苦力、家佣开始了全新的人生。最后，他成功了。

所以，在一些极其平凡的行业中，在极其低微的岗位上，往往蕴藏着巨大的“宝藏”。只要你能够降低自己的身价，培养出一种高尚的工作心态，即便你的工作再卑微、你的岗位再不起眼，你也能在“垃圾堆”里找到一块闪耀的“金子”。从洛克琼斯的身上，可以看到没有什么工作让我们感到卑微。

加班不加薪，这个可以无所谓

如果你懂得低调一点，在你感到不满意的时候，吃点亏，低下头，也许老板早已在你前面铺好了一条光明的道路。

对于职场中的我们来说，上了一天的班，下班的那一刻是最幸福的时刻。在这个时候，我们会一边揉着酸痛的眼睛，一边收拾着东西，脑海中甚至会浮现出晚上该吃的美餐，想着去看一场电影，想着和家人团聚，想着和情人去幽会……可是，这些可能只是一个梦想，有很多的职场人却实现不了。当夜幕降临时，你必须还要留在自己的岗位上，随着路灯一起点亮办公桌前的台灯，因为你今晚要加班。于是，华灯初上，当别人都兴高采烈地回家时，你却要拖着疲惫的身躯继续忙碌，你成为“顶星族”——半夜回家的人。而且更让人郁闷的是你的加班将变成一种无偿的劳动，“顶星”却不能“顶薪”。

请问，当老板每天让你加班又不加薪的时候，你是接受还是反抗呢?告诉你，著名成功学大师哈根斯曾说：“提供超出你所得酬劳的服务，很快酬劳就将超出你所提供的服务。”身为一个职场人，如果总是为自己到底能拿多少工资而大伤脑筋，一点也不懂得弯下腰，牺牲一点自己的个人利益，他是看不到薪水背后的成长的，当然他也不会获得一个光明的前程。

王培志大学毕业后，进了一家投资公司的财务部门工作。当初应聘的时候，人力资源部的主管告诉他：“试用期6个月，合格后转为正式员工。

看试用期的表现适当加薪。”

刚刚参加工作的王培志在公司干劲十足，什么活都抢着干，一天下来，他的工作量甚至比那些老员工都多，更重要的是他每天都跟那些老员工一样，下班后主动留下来加班。很快两个月过去了，王培志已经熟悉了公司财务的全部业务，自己可以独当一面了，跟那些老员工也没有太大的差距，觉得老板应该给他加薪。因为公司有规定，试用期的员工如果加班，是没有加班工资的。

于是，王培志主动向公司的经理申请加班工资，经理看了王培志的申请报告和业务考核成绩时，心里的确很想给王培志加班工资，可是这毕竟是公司的一条规章制度，于是退回了王培志的申请。

王培志接到被退回来的申请报告时，心里十分不高兴。从那以后，他每天的工作热情大减，再也不像以前那样细心、积极地去完成领导交给自己的各项任务，等到月底财务部门赶制财务报表时，他再也不和其他同事一起加班了。领导要求他留下来帮忙时，他也是不屑一顾，到了下班时间，拍拍屁股走人，还对其他的同事说：“加班是老员工的事情，我还在试用期，加班没薪水，傻子才愿意白干。”

话中意思不言自明，就是自己同别人一样加班却拿不到相应的报酬。另外，王培志还故意调侃道：“等半年之后，我再和你们一起并肩作战。”王培志的表现都看在老板的眼里。

时间过得很快，6个月过去了，到了王培志转正的时候了。可是，当他递交转正申请的时候，却没有通过。这让王培志非常生气，心想：“此处容不得爷，自有容爷处。”一气之下，把转正申请改成了辞职报告，辞职离开了。

后来，有一天他在一个聚会上遇到了一个先前的同事，闲聊中谈到他当初辞职的事。他的同事说：“你真是太可惜了，一个晋升的机会就这样让你给失去了。你一进公司的出色表现，老板都看在眼里呢。老板看你工作扎实，有很强的业务能力，本来打算在你转正后就让你任主管会计一职。可惜你后来为一点小小的加班薪水，改变了你的工作态度，这让老板对你很不满意。这些都是老板在年终总结会上亲口说的。"

王培志听后，心中很是后悔，但是一切都晚了。

在职场中，有很多和王培志一样的员工，如果老板让自己加班，并且不给报酬，自己就会非常不满，认为这是一件很丢面子的事情，想着"天下没有免费的午餐，自然天下也没有无偿的加班"。这样的员工，往往都不能成为老板赏识的员工。的确，老板让你加班，让你牺牲了很多宝贵的时间，让你吃了亏。你也会认为加班要加薪是一件理所当然的事情，如果只加班不加薪是不能接受的。可是，你要知道，老板也不会总是让你白干的。也许老板是用加班的手段看你这个人的工作素养，在检验你的忠诚和能力，看你今后能不能担当重任。如果你只看到那么一点点薪水，老板会认为你这个人不堪重用，鼠目寸光，自然今后也不会提拔你。这样一来，你为了一块砖，失去的却是一座城池，这是一件多么不划算的事情。

哈姆雷斯特一生的转折点是由于一次加班而改变的。一个美好的星期六的下午，和往常一样，哈姆雷斯特正在享受着休息日的美好时光。这时，电话响了，原来是公司老板的电话。老板问哈姆雷斯特，如果有空的话，可不可以去公司帮一下忙，因为老板需要一个速记员来帮他分担一些当天必须要完成的工作。

哈姆雷斯特知道今天下午会有一场非常精彩的比赛，他先前已经煮好了咖啡，正准备下午躺在沙发上看这场期待已久的球赛。如果这时随便编一个理由，找一个借口，比如说自己周末去一个很远的地方，或者说正在家照顾生病的妻子等等，完全可以推掉老板的要求，舒舒服服地度过一个愉快的下午，并且哈姆雷斯特知道现在去公司，肯定没有报酬，因为公司从来都没有加班的习惯。可是，哈姆雷斯特最后还是关掉了电视，去了公司，因为他想"球赛随时都可以看，但是加班也许只有这一次"。

那天，哈姆雷斯特一直和老板忙到很晚才结束工作，做完工作后，老板只向哈姆雷斯特说了一声谢谢，就独自离开了，根本没有提及给予报酬的事情。按照当天的工作量，哈姆雷斯特至少应得到好几百美元的报酬。哈姆雷斯特也没有把这件事放在心上，更没有趾高气扬地向老板讨要薪水，而是收拾完东西后，默默地离开了。第二天上班后，哈姆雷斯特也没有跟任何人提及周末帮老板加班的事情。

但是，6个月之后，在哈姆雷斯特早已经把那天加班的事情忘到了九霄云外时，一份升迁的通知摆在了哈姆雷斯特的面前，而且薪水是原先的两倍。这一消息在公司掀起了一场不小的风波，因为论能力、论资历，升迁都轮不上哈姆雷斯特。哈姆雷斯特在全公司人的质疑声中，去找老板问明升迁的原因，老板微笑着说："你还记得那个周末吗？我打了公司所有速记员的电话，结果最后只有你一个人来加班了。我知道大家都不想错过一场精彩绝伦的直播比赛，但是你却选择错过了，事后也没有向公司申请应得的报酬，因此这个职位就是你应该得到的补偿。"

哈姆雷斯特听了，感到很庆幸，心里简直比看了一场精彩的球赛还要高兴。

的确，在职场中，也许你的收入并不高，生活也不容易，当你加班的时候，会渴望得到一份应得的报酬。而你为公司加班，公司给予你薪水，这是一件天经地义的事情。即使公司要你无偿加班，你向老板索要薪水也是合情合理的。然而，对于一个想赢得职场的人来说，还有比薪水更重要的东西。工作固然是为了薪水，但比薪水更重要的是品格的塑造和能力的提高，还有就是老板看到了你的敬业，你的忠诚。

对于有些公司而言，一点加班费只不过是九牛一毛，老板只是想通过加班来观看一个人，看你到底有多尽职敬业，看你愿不愿为公司的利益而舍弃一些个人的利益。如果这个时候，你选择把个人的利益看得太高，自然就会顾及不到公司的利益。这样的员工，往往是老板不愿意看到的，也是老板不喜欢的。如果你懂得放下一些自己的利益，对公司的任何工作都事无巨细，都能够尽力而为，并时刻想着怎样更多而不是更少地回报自己的老板，那么老板自然会赏识你。

因此，对于那些想要在职场中有一番作为的人，想要在激烈的竞争中赢得同事的人，就应该把加班当作一个积极地学习经验的过程。往往在一些无偿的加班中，包含着许多个人成长的机会。也许，此刻你降低了身份，降低了你的工作待遇，但是，在不久的将来，公司会为你今天的无私奉献给予补偿。当你升迁了，当你基本工资翻倍时，你会明白这正是你当初对加班薪水抱着一种无所谓的态度换来的。

那么，你还等什么，要想赢得职场，就从无偿加班开始吧。

让你检讨，才会有很好的改进

一个人成功与否在于他是否做什么都力求最好，成功者无论从事什么工作，都绝对不会轻率疏忽。

在工作中应该以最高的规格要求自己。能做到最好，就必须做到最好。这样的员工才是一个合格的员工。

有个刚刚进入公司的年轻员工自认为专业能力很强，对待工作很随意。有一天，他的老板直接交给他一项任务，为一家知名企业做一个广告策划方案。

这个年轻员工见是老板亲自交待的，不敢怠慢，认认真真地搞了半个月，半个月后，他拿着这个方案，走进了老板的办公室，恭恭敬敬地放在老板的桌子上。谁知，老板看都没看，只说了一句话："这是你能做的最好的方案吗？"年轻人一怔，没敢回答，老板轻轻地把方案推给年轻人。年轻人什么也没说拿起方案，走回自己的办公室。

年轻人苦思冥想了好几天，修改后交上，老板还是那句话："这是你能做的最好的方案吗？”年轻人心中忐忑不安，不敢给予肯定的答复。于是老板还是让他拿回去修改。

这样反复了四五次，最后一次的时候，年轻人信心百倍地说：“是的，我认为这是最好的方案。”老板微笑着说：“好！这个方案批准通过。”

有了这次经历，年轻员工明白了一个道理：只有持续不断地改进，工作才能做好。以后在工作中他经常自问：“这是我能做的最好的方案吗？”然后再不断进行改善，不久他就成为了公司不可缺少的一员，老板对他的工作非常满意。现在这个年轻人已经成了部门主管，他领导的团队业绩一直很好。

因此，我们可以得出这样的结论，工作做完了，并不代表不可以再有改进。在满意的成绩中，仍抱着客观的态度找出毛病，发掘未发挥的潜力，创造出最佳业绩，这才是真正合格的员工。

有人认为追求完美会让自己工作起来疲于奔命，似乎永远看不到最终的目标。可是它对职场中的人来说很重要，因为自我满足就意味着停滞不前，一旦一个人自以为工作做得很出色了，那么他就会固步自封，难以突破自我，就会逐渐找不到自己的位置。

要想做职场上的常胜将军，秘诀只有一条，那就是随时思考改进自己的工作。

那个只要肯出力就能做好工作的时代已经过去了。公司聘用你来做好工作，但更重要的是，聘用你随时去思考，运用你的判断力，以组织利益为前提采取行动。所以，你要时刻提醒自己，任何工作都有“百尺竿头，更进一步”的可能。你的方案是最好的吗？

成功的员工喜欢问自己的一个问题是：“怎么样才能做得更好？”人具有这样的问题意识，自然能够了解到自己所欠缺的、不足的还有很多，这些可能正是公司今后的策略和方法。质疑自己的工作似乎并不难，但大多数人并没有这样做。

一位老板在他的回忆录上这样写道：“事实上往往有些员工接到指令

后就去执行，他需要老板具体而细致地说明每一个项目，完全不曾思考任务本身的意义，以及可以发展到什么程度。我认为这种员工是不会有出息的。因为他们不知道思考能力对于人的发展是多么重要。不思进取的人由接到指令的那一刻开始，就感到厌倦，他们不愿花半点脑筋，最好是能像电脑一样，输入了程序就不用思考把工作完成。”

所以，不断思考改进是一个合格员工必须要做的事。在你对既有工作流程寻求改变以前，必须先努力了解既有工作流程，以及这样做的原因。然后质疑既有的工作方法，想一想能不能做进一步改善。培养自己一丝不苟的工作作风。那种认为小事可以被忽略或置之不理的想法，正是你做事不能善始善终的根源，它直接导致你工作中漏洞百出。

第九章　爱上险恶的世界，教训让你越活越聪明

被人瞧不起，就会被人欺。人们往往会在不经意中被人耍、被人骗，很多人会恨自己遭遇了险恶的世界。但是，有人会感谢自己能遭遇这样的经历，因为险恶的世界给予了自己最好的历练，让自己有强大的内心和足够的智慧迎接更大的险恶。

无可避免的欺骗，会增进你的智慧

欺骗就像是一根狠敲在我们头顶上的木棒，虽然疼痛，但却可以让我们灵台清明。

行走于人生的旅途之中，我们总会遇到顺境，也会遇到逆境。顺风顺水的时候，我们可以行得更稳，所以，每个人都会在心里喜欢顺境而讨厌逆境。被人欺骗，也可以说是人生中的一大逆境。只是，这个逆境不同于人生路上的艰难困苦、危险阻碍，而是一种心灵上的逆境。发现被人欺骗的时候，我们会感觉自己像是做了一个怪诞却又美丽的梦，可笑、可悲亦可气。

我们会觉得可笑，往往是因为一件简单的事，自己居然会被身边的人欺骗到；可悲的是，我们明明觉得自己很聪明，可是却还会被身边的人所欺骗。可笑、可悲、可气，是欺骗我们的人带给我们的最直接的感受。可是除此之外，在这些让人咬牙切齿的感觉中，还有没有别的什么东西呢？难道那些欺骗，只会给我们带来无穷无尽的伤害吗？

古人说，不经一事，不长一智。很多时候，欺骗带给我们的不仅是无穷无尽的伤害，还有促人成长的智慧。对，欺骗可以增进我们的智慧。人的一生，就如同是一块充满了杂质的铁块，想要成长，就必须经过火的淬炼，才能去除杂质。当我们在高温中淬炼的时候，水告诉我们：来我的怀抱吧！我可以使你更加坚强。于是我们去了，可是“滋”的一声，燃烧着的火焰却被水浇灭了，水欺骗了我们。这让我们很痛苦，可是这个痛苦却让我们明白了：原来水是可以浇灭火的。其实很多道理，我们都是在受过伤害之后才懂得；很多智慧，都是在我们被欺骗之后才明白。

我们为什么会被欺骗？是因为我们经不起诱惑，是因为我们处事经验太浅，是因为我们不知道那样做之后有什么后果，是因为我们看不透别人的真实目的。所有的这一切，我们都可以用“不明白”一语代过。是因为我们的“无知”，造成了自己会被欺骗。但是在欺骗过后，在伤害之余，我们豁然开朗：当初那样做被人欺骗了，如果下次这样做，是不是就没有问题了？是不是我们不太清楚，但是至少，在欺骗过后我们知道了自己错在什么地方，也想出了怎样做才能不被欺骗。其实，这已经是很大的进步了，这就是我们在欺骗中学到的智慧。

这其实是一个很简单的道理，只有跌倒过，才能学会走路；只有摔倒过，才能学会骑车；只有爱过，才会知道情之可贵；只有受过欺骗，才能增长智慧。欺骗本身就是欺骗我们的人给我们上的一堂课，他们用我们自身的例子，给我们做了一次精彩的解说，增进了我们的智慧。

在生活和工作中，并不是所有的欺骗都能有如此完美的结局。事实上，大多数的欺骗是以让人伤心落泪为结局。可是，不管是好的结局，还是坏的结局，在欺骗背后总有一些让我们豁然开朗的东西。

想想，我们可以被人欺骗一次、两次，难道还能被人欺骗三次、四次吗？当然不会！原因就是，在这些欺骗当中，我们渐渐找到了被欺骗的根源，找到了解决这些问题的根本方法。这自然就是我们智慧的增长。无论是在生活中还是在工作中，总有一些欺骗是我们无法避免的，那么也总会有一些伤害是我们无法避免的。我们会伤心、会难过，但不要灰心，不要失望。想一想，其实在这些伤心和难过背后，我们已经学到了很多东西呢！

感谢欺骗你的人，让你懂得信任的含义

欺骗和信任如同是一对双生子，它们分别代表了反和正两个方面。欺骗我们的人，是践踏了我们对他们的信任；而信任我们的人，则会和我们成为朋友。

在很多时候，我们之所以会被自己信任的人欺骗，究其原因，是因为我们没有深入认识这个人，就去盲目信任他。盲目的信任是有代价的，当我们被欺骗的时候，才知道盲目信任的可怕。只是，这个时候已经晚了。所以，那些欺骗我们的人告诉我们的最重要的一个道理就是：不要盲目地去信任别人，先考虑一下他是否值得信任。

从前，有个农夫非常善良，有一年冬天他在路边发现了一条快冻僵了的蛇。

那条奄奄一息的蛇说："捕蛇者掘开了我们的洞穴，想要把我们捉回去做汤喝。我虽然拼死跑了出来，可是却也活不久了，天气太冷。"

看着蛇很痛苦，农夫心软了，他对蛇说："我可以帮助你，使你的身体暖和过来。但是，据我所知，蛇是一种喜欢咬人的动物。我怕我救了你之后，你会咬我。"

蛇说："我怎么会咬你呢？如果你能救了我，那么你就是我的救命恩人。我会成为你最好的朋友，没有谁去会害自己的朋友。"

于是农夫接受了蛇的请求，把快冻僵的蛇放进了自己的怀里。他的怀里很暖和，不一会儿蛇就暖和过来了。当他怀揣着蛇到了一个暖和的地方，打算把蛇放下来的时候，蛇狠狠地咬了他一口。临死的时候他问蛇：

“你明明说过要和我做朋友的，为什么要欺骗我？为什么咬我？”

蛇叹了口气说：“我咬你，是因为我饿了。你应该知道，蛇是不值得信任的。”

这是很多人都听过的农夫和蛇的故事。在这个故事当中，农夫的悲剧就在于，他盲目地信任了蛇，而没有去认真了解蛇是否是一个可以信任的对象。所以，他被蛇欺骗了，当然，被欺骗的代价就是他的生命。

想想看，我们有没有经历过这样的事情？一定有！找工作的时候，我们听信了那些“招聘人员”的花言巧语，盲目地信任了他们，结果被骗光了钱财；职场中，我们听信了同事的话，认为这人不错，可以信任，于是把对老板的不满向他倾诉，可是没过多久，老板就全知道了。这些事情你经历过吗？很多人都会有这样的经历。其实我们的错误之处就在于没有了解这些人，就把他们当成了可以信任的对象。对于他们，我们可以说是一无所知，甚至于不知道他们的人品如何，所以被欺骗，也就是一件很正常的事情了。

从这里来看，我们要感谢那些欺骗我们的人，他们让我们明白了这样的道理：要想不被人欺骗，就要学会真正地去了解一个人，真正明白信任的含义。其实上面我们所说的根本就不能称之为信任，只是一种单方面的相信。真正的信任，是彻底了解一个人的品性和人格，相信他是可以信任和交往的对象。也只有这样的人，才能成为我们信任的对象。

感谢那些欺骗我们的人，他们给了我们一个机会，让我们去了解身边的人是否可以信任。在工作中，我们总会遇到这样的人：他们接近我们，怀着一些不可告人的秘密，他们的动机根本就不是想和我们做朋友。而对于这一切，我们却一无所知。当他们欺骗了我们之后，我们才猛然发现他们的真实面目。这个时候，我们已经深刻理解信任的含义了。他们不是值得我们信任的人。我们还应该感谢他们，让我们身边少了心怀叵测的人，多了一份安全感。

恶意给你“馅饼”的，让你看到“陷阱”

大利背后可能隐藏着巨大的陷阱，一不留神，你就会上当受骗。为了避免上当，就必须要时时提高警惕，尤其是面对诱惑的时候。

在这个社会上，我们经常听到甜言蜜语，因为我们爱听，听了心里舒服高兴，别人自然也就投其所好了。但是我们应该明白，那些天天在我们面前说好听话的人，并不一定是真正对我们好的人。换言之，那些对我们非常严厉的人也不一定是真的不好。

王刚是一个初入社会的大学生，在苦于无门实现自己远大抱负的时候，认识了李涛。李涛是某家公司的财务经理，在公司也算是位高权重。他介绍王刚当了公司的出纳，并天天仔细照护，一副大哥的样子。这种做法让王刚觉得自己遇到了传说中的贵人，他总是帮李涛分担些工作。

李涛越是对王刚好，让王刚越是感激涕零。一次，李涛拿了一张数目不小的单子给王刚，说是客户来办事情，需要公司帮忙处理一笔应酬用的开销。王刚是个老实人，他知道这么做不对，但碍于对方是一直关照自己的大哥，也不好再说什么，就按照李涛吩咐的做了。几天以后，李涛又拿来了账单，还用同样的托词让他帮忙解决应酬费用。这两次不合规定的账目让王刚寝食难安，越想越觉得不对劲。

第三次，王刚直接拒绝了李涛的类似要求。李涛说：“以前就是你冲的账，现在不想做了，那我就去告诉公司你作假账，你跟他们说那些是我的账单，看看他们信不信？”

王刚一听傻了……

王刚离开公司后，到另一家公司做财务工作。有了前车之鉴，他在业务上再也不敢麻痹大意了。由于王刚业务规范，几年之后他就当上了公司的财务主管。

为什么昔日里对他照顾得无微不至的李涛，现在却反过头来要挟他呢？其实，这是李涛早就设计好的阴谋。怎么会有人无缘无故地关心你、照顾你，给你位子、给你机会呢？这一切来得太容易，虽然王刚起初很开心，但是开心过后，接下来的就是危机了。

李涛了解王刚的性格，他知道老实的王刚一定会感激他，而不好意思拒绝他的请求。当王刚意识到问题的严重性时，李涛又用告发的手段来威胁他。王刚当初以为自己遇上了贵人，这又是多么可怕的贵人啊。所以，当别人无缘无故对你好的时候，要小心了，千万别高兴得太早，可能你生命中的“贵人”，正在算计着如何让你这条觉得“我真走运”的大鱼上钩呢！

俗话说：“天下没有免费的午餐。”天上掉馅饼往往都不是什么好事，越是大利在前，越应该小心谨慎。

如果别人莫名其妙地给你送礼，或求你办一些不正当的事，你要切记“拿人家手短，吃人家嘴软”，千万不要因为贪图一点儿实惠而把自己置于进退两难的境地。

战国时代，孟子名气很大，府上每日宾客盈门，其中大多是慕名而来，求学问道，请求签名。这一天，接连来了两位神秘人物，一位是齐王的使者，一位是薛国的使者。对这种人物，孟子自然不敢怠慢，小心周到地接待他们。齐王的使者给孟子带来赤金100两，说是齐王所赠的一点小意思。孟子坚决拒绝了齐王的馈赠，使者灰溜溜地走了。

隔了一会儿，薛国的使者也来求见。他给孟子带来50两金子，说是薛王的一点心意。孟子吩咐手下人把金子收下。左右的人都十分奇怪，不知孟子的葫芦里装的是什么药。陈臻对这件事大惑不解，他问孟子说：“齐王送你那么多的金子，你不肯收；薛国才送了齐国的一半，你却接受了。如果你刚才不接受是对的话，那么现在接受就是错了；如果你刚才不接受是错的话，那么现在接受就是对了。”孟子回答说：“都对。在薛国的时候，我帮了他们的忙，为他们出谋设防，终于平息了一场战争。我也算个有功之人，为什么不应该受到物质奖励呢？而齐国人平白无故给我那么多金子，是有心收买我，君子是不可以用金钱收买的。我怎么能收他们的贿赂呢？”左右的人听了，都十分佩服孟子的高明见解和高尚操守。

俗话说：“君子爱财，取之有道。”孟子说过，对于钱财，可以取，也可以不取，取和不取的分界，在于会不会损害自己的处世原则。

世界是现实的，别人为什么会无缘无故地奉承你、照顾你，人前人后给你那么高的“评价”？享受这一切“美好”之时，不要头脑发热眩晕，要小心馅饼后面是陷阱。人做事情往往是有目的的，他能给你很多，为的是从你那得到更多的东西。

别往痛苦处想自己，学会乐观看世界

卡耐基说过：“如果我们有着快乐的思想，我们就会快乐。如果我们有着凄惨的思想，我们就会凄惨。如果我们有害怕的思想，我们就会害怕。如果我们有不健康的思想，我们就会生病。”

很多人在遇到事情的时候总是往坏处想，结果是越想越对生活感到悲观、感到失望。还没起床，就担心上班会不会迟到；上司交代的任务，还没开始，就害怕做不好；还没下班，就开始想路上会不会遇到小偷……往往这些还没有发生的事情，都是你强加给自己的，困难也是在自己的心灵放大镜下变得那么难以逾越。事实上，凡事都往好处想，用积极的心态战胜悲观，阳光就会洒满整个心房，快乐也会随之而来。

一个人要是没有一个乐观的心态，总往坏处想，这样，就会和快乐无缘。凡事往好处想，心情就会不一样。比如，当你因悲观而感到焦虑时，不妨去想象一旦成功后的景象，你将很快地化解焦虑与不安；如果你在内心把事情的结果都想象得很坏，那你就会沉溺在痛苦之中不能自拔。

生活中，有很多人会给自己做一些假设：我这个月的业绩是不是最差的；老板会不会开除我……也许这些想法是一有定道理的，但是却没有必要。过度的担心只会让你的心灵更加沉重不堪从而使原本美好的生活偏离正常的轨道。

埃文丝在一家企业担任公关部经理，最近她变得异常焦虑。

原来，公司精简人员，人事部正在制定裁员方案，在埃文丝的脑海里，满是自己失业后落魄的样子。她对丈夫说："我在这家公司工作了6年，从最初的小职员到现在的公关部经理，我付出了很多努力。可是，现在公司也遭遇了金融危机，决定裁员。我真的很害怕自己被裁掉，我已经45岁了，如果被裁掉的话还得重新找工作，金融危机下的工作肯定不好找，就算找到了，我又怎么和那些朝气蓬勃的年轻人竞争呢？"

这样没日没夜地想着最坏的结果，心神不宁的埃文丝状态越来越差，工作也经常出现纰漏，耽误了公司一些很重要的会议，本来不在被裁之列的她，最后真的被裁掉了。

看看，遇到困难，与其这样胡思乱想，给自己带来精神上的困扰，不如认认真真地做好自己的本职工作，安安心心地过好每一天。你也许会遭遇到公司裁员，那么，你是不是也和埃文丝一样，总是往坏处想呢？告诉你，在事情没有发生之前，要怀着一颗积极的心去面对，凡事都往好处想，才是获得快乐的保证。

一天，一位农夫赶着马车过桥时，不小心连人带车都掉进深水中。众人正在惊慌之余，突然看见农夫从水里冒了出来。人们忙伸手将他拉了上来。上岸后，农夫竟然没有惊恐和悲哀，反而“哈哈”大笑说：“太好啦，太好啦”。人们惊奇，以为他给惊吓傻了。

“掉进河里，车也毁了，马也没了，连你都差点没命了，你还觉得好高兴，你没有什么事吧？”有人好奇地问他。

“高兴？当然值得高兴！”农夫停住笑声，“从这样高的桥上掉到河里，我不仅没有淹死，而且连皮毛都没伤着，我还活着，而且完好无损地活着，难道不值得高兴吗？！”

是呀，世上没有比活着更值得庆幸的事情了。只有明白这个道理，你的人生就会充满欢乐。因为你能看透生活的实质，能找到快乐的源头，所以，你是快乐的。当你一味地去想最糟糕的结果，你自然不会开心快乐。但是如果给自己的心灵换上新鲜空气，让你的大脑运转在美好的事物上，那么，快乐就不会离开你。

遭遇嫉妒，因为你有了让人羡慕的优点

人生在世，如果想成功，就需要豁达的胸怀。那些嫉妒我们的人，虽然带来了狂风，掀起了巨浪，但却也让我们知道了，原来自己的驾船技术这么高超。是他们让我们看到了自己的优点。

我们已经知道，嫉妒是人的一种心理活动，其大体的表现特征是：见不得别人比自己强，当别人有好事时就会心理不平衡，不是怒气冲天，就是嫉恨在心，严重者甚至会寻机报复，一惩后快。所以，很多人不喜欢被人嫉妒的时候，往往会怒气冲天。可是如果换个角度来看，我们却会发现，别人嫉妒我们的时候，其实是在扯着嗓子大喊：你这点做得真不错

呢，我都没有做到！也就是说，我们的优点，已经让别人看到了。往往在很多时候，我们自己还没有发现这个优点。

发现同事在嫉妒自己，不知道原因在哪里，等到细细一琢磨才发现，原来自己每次的工作安排都比对方的更为合理，能面面俱到地安排工作，不正是自己的优点吗？发现朋友在嫉妒自己，感觉自己并没有比朋友强的地方啊。等问了朋友才知道，原来自己的人际关系很好，可以交到很多的朋友。交际能力强，也是自己的优点。生活中还有很多类似的事情，有些时候，我们往往会忽略掉自己的优点，而嫉妒我们的人，则可以帮我们及时发掘出来。因此，对嫉妒我们的人不仅不能怒目以对，而且还要感谢他们。

王成林大学毕业后顺利地考上了公务员，没过多久，他就结识了同一单位的小雪，两人感情很快升温，仅仅只过了半年时间，便双双步入了婚姻的殿堂。一对“端铁饭碗”的小夫妻，这让圈子里的同学羡慕不已。

有一次，王成林在下班的途中遇到了自己的大学同学大杨。在学校的时候，王成林和大杨交情不错，虽然算不上很铁，但却很谈得来。这次老同学偶遇，自然格外亲热。从交谈中，王成林知道了大杨现在开着一家规模不小的公司，手下有几十号人，一年净收入好几百万。大杨的经济情况让王成林羡慕得很。大学时，大杨可是样样不如自己啊！看着大杨驾着宝马车缓缓离去，一向自我感觉良好的王成林，心里突然酸酸的很不是滋味。

再次遇上大杨是在一个月后，当时王成林正陪妻子在商场买衣服，刚好遇到大杨也带了一个漂亮的女孩在试衣服。看着大杨毫不犹豫地买下女孩刚试的那件衣服，小雪一阵哑舌：“天啊！那可是一件上等的裘皮大衣，那一件衣服的价钱，足够咱俩半年的工资了！你同学可真有钱啊！”

大杨这个举动，又狠狠地刺激了王成林。临走的时候，大杨邀请王成林夫妻去自己家里玩，王成林婉言拒绝了。他觉得，自己在大杨面前简直就像是一个十足的穷人。

回到家里，王成林越想越不是滋味。想想自己，大学时比大杨人缘好、学习好、能力强，可以说一直跑在前面。可是才几年工夫，日子却过得千差万别。这是为什么？难道自己就真的不如大杨吗？强烈的嫉妒心开始在他心头滋生，他迫切地想了解大杨的一切，包括他发家的经历。

通过和同学联系，他终于发现了一条让自己很得意的线索。原来，大杨家里的条件很差，在大杨刚出来创业的时候，家里根本就拿不出一点钱来。在没有办法的情况下，大杨去向一个远房亲戚求助。可是因为家里穷，亲戚根本就不敢借钱给他，怕他赔了还不起。为了得到5万块钱的创业资金，他硬是在亲戚门前跪了一天一夜，才打动了亲戚，借来了创业资金。

王成林很是不屑：做人怎么能那么没骨气？为了钱就可以向别人下跪？男儿膝下有黄金，如果是我，宁愿给人打工一辈子，也不下跪。这样，太没骨气了！

以后，只要一见到同学，王成林就会这样跟同学说。他甚至从大杨下跪谈到了气节问题上，认为大杨是一个没有气节的人。一时间，关于大杨没有气节的流言蜚语在同学之间传开了。王成林听到同学们这些流言的时候，心里好过了一些。

自然，这些流言也传到了大杨的耳朵里，大杨怎么也想不到，自己当年那些往事还会有人知道，还会和气节搅和在一起。女朋友气不过，对他说："你同学怎么这样啊！什么话都说，你去问问，看是哪个浑蛋乱说别人坏话了，真让人生气！"

没想到，大杨却满不在乎在笑着说："这有什么好生气的！他们不说我还真不知道，原来自己还有能屈能伸的性格。这段时间做生意，太强硬了，已经得罪了不少人，看来得改改了。"说完之后，得意地冲着女朋友说："当年韩信曾受跨下之辱，我现在才发现，自己和他有些相像呢！"

女朋友哭笑不得，但火气却也烟消云散了。

一个人被人嫉妒，被人中伤，如果让恨意和报复占据了整个心胸，那么人生中便少了快乐，多了郁闷，还会伤人伤己。但是，如果可以换个角度去想，想想嫉妒我们的人对自己的帮助，那么整个人便会真正的快乐起来，这正如故事中的大杨。

大杨其实还有些话没有说出来：感谢你们，让我知道了自己原来能屈能伸，我甚至忘记了自己还有这样一个优点，谢谢你们的提点。不知道，王成林听到大杨这样的心声，会有何感想呢？

感谢伤害你的人，他让你更稳更自信

我们应该感恩于伤害过我们的人，因为他们像是一面镜子，照亮了我们人生前进的道路。

任何事物都具有两面性，快乐是一种幸运，痛苦也是一种幸运，伤害过我们的人何尝不是我们生活中的福星。如果我们能把受到伤害时的烦闷心情变成积极向上的情绪，不去埋怨和怪罪，相反，去感恩和感谢，那么我们就拥有了生活的智慧。下面的例子，可以做一个很好的说明。

20世纪80年代初，年逾古稀的曹禺已经是功成名就的戏剧大家。有一次美国同行阿瑟·米勒应邀来曹禺家做客，午饭前的休息时间，曹禺小心翼翼地从书架中间取出一个装帧极为讲究的小册子，上面装裱着画家黄永玉写给他的一封信，曹禺逐字逐句地把信的内容念给阿瑟·米勒听，神情庄重而语气激动。信中这样写的："我不喜欢你解放后的戏，一个也不喜欢，你的人不在戏里，你失去了伟大的灵通宝玉，你为势位所误！命题不巩固、不缜密，演绎分析不透彻，过去数不尽的精妙的休止符、节拍，冷热快慢的安排，那一箩一筐的隽语都消失了……"

事后，阿瑟·米勒撰文描述了他的迷茫："这封信对曹禺的批评，用字不多但却相当激烈，还夹杂着明显羞辱的味道，然而曹禺念信的时候却神情激动。我真不明白，曹禺恭恭敬敬地把这封信裱在专册里，并且又一脸虔诚地念给我听，他是怎么想的。"

阿瑟·米勒的茫然是理所当然的：毕竟，把别人羞辱自己的信件裱在专册里，这样的行为太过罕见，无法让人理解和接受。然而，曹老之所以这样做，正是因为他拥有无上的品格——感恩，才会“猝然临之而不惊，无故加之而不怒”。心怀感恩，才会对别人的羞辱泰然处之；心怀感恩，才会把别人的批评作为赏赐，作为自己进步的阶梯。

在现实生活中，要我们记着去感谢那些直接给予我们关心、帮助与掌声的人，这是我们很容易做到的，然而要我们去感谢伤害、欺骗我们的人，我们却很难做到。但是实际上，打击与伤害我们的人，与关心和帮助我们的人一样应该受到我们的感谢。前者就像严冬，考验我们的意志，消除我们的骄气，扭转我们膨胀的恶习，让我们更深刻地思考自己的行为，采取更科学的方式生活。前者与后者，就像我们人生路上左右设置的沟谷，他们共同组成人生夹道的轮廓，是我们成长之路上缺一不可的护佑神。

你能说我们只需要感谢慈母，不需要感谢严父吗？你能说我们只要温暖的春天，而不需要寒冷的冬日吗？你能说我们只需要成功，而不需要一点挫折吗？应该说，所有理智、成熟的人，都会有一个明智的回答。

当然，要感谢伤害和批评过我们的人并不是那么容易的事，它需要有一定的胸怀和气度，需要我们有全面辨证的眼光。

然而，一旦我们理解与肯定了我们不喜欢的人与伤害我们的人是多么重要，一旦认识到他们对于我们的生活经验的积累是多么的必不可少，那么，我们怀抱感激的心态就很容易了，甚至是理所当然的了。

20世纪60年代，在《人民文学》、《人民日报》等报刊登出郭沫若的白话诗之后，刚从大学毕业分配到科学院电子研究所从事语言声学工作的陈明远，给郭老写了一封信，措词尖锐严厉：“读完那些连篇累牍的分行散文，人们能记住的只有三个字，就是您这位大诗人的名字。编辑同志大概对您的诗名感到敬畏，所不不敢不全文登载，但是广大读者却对您的诗名寄托厚望，所以不能不表示惋惜，甚至因失望而导致嘲笑挖苦……”

郭沫若约见了陈明远，笑着问他："假若你当诗歌编辑，我的诗稿落到你手里，你怎么处置？"

陈明远认真地想了一会，回答说："对于您的来稿，我准备分三类处理。第一类，像《罪恶的金字塔》和《骆驼》这样的好诗，还有少数合格的予以发表。第二类，有可取之处但尚须推敲斟酌的，提出具体意见退还于您，等改好了再用。第三类，诗味索然的，不要分行，当作散文、杂文对待。或者，干脆扔到纸篓里。只有这样，才是真正爱护您的诗句，也才对得起广大诗歌爱好者啊！"郭沫若听完哈哈大笑，连声说："好！我要碰到你这样的编辑同志就好办了，真是求之不得哩！"

作为文化名人，曹禺、郭沫若对待他人的伤害与批评所表现出来的感恩态度是一种智慧和胸襟。其实，感恩也是一种处世哲学，它是生活中的一大智慧，它要我们怀着感恩之心从跌倒的地方爬起，更稳更自信地走下去。

快乐是一种幸运，痛苦也是一种幸运，有了痛苦才让我们更加懂得快乐的内涵，才会更加珍惜所拥有的快乐时光。成功让我们欣慰，失败也同样让我们感到慰藉，因为它擦亮了我们的眼睛，让我们变得更加刚强坚毅。

懂得感恩，感谢伤害过你的人，因为他磨练了你的心志；感谢欺骗你的人，因为他增长了你的见识；感谢鞭打你的人，因为他消除了你的恐惧；感谢遗弃你的人，因为他教会了你自强自立；感谢绊倒你的人，因为他强化了你的能力；感谢斥责你的人，因为他助长了你的智慧……

第十章 多记好处少记恨，好运属于胸怀宽广的人

人不管遭遇什么不快，千万不要嫉恨于心，因为当你用宽广的胸怀面对世界时，世界也会给你更多的好运和机会。不仅要感谢瞧不起你的人，还要学会感谢你的敌人，感谢你身边的每一个人。只有学会多记好处少记恨，世界才会为他你开成功的大门。

能够宽恕别人，就等于解脱自己

宽恕那些令你生气愤怒的人，让曾经的伤害随风而去吧。这样，所有蒙蔽你心灵的乌云将隐退，沉重如铅的怨恨将放下，一切的不甘将烟消云散，心会轻松自由地飞翔！

文学家说："宽恕为美，淡忘为佳。"

思想家说："错误在所难免，宽恕就是神圣。"

哲学家说："不宽容者在生气，往往是拿别人的错误来惩罚自己。"

心理学家说："被人亏待自然会发怒，但如果怒气不化解则会积成怨恨。如果任凭怨恨滋长，就等于把毒素注入自己的身体。所以说一个人要想健康，首先就要学会宽容。"

是的，在生活中，难免会发生这样的事：别人无意或有意做了伤害你的事，你是宽恕他，还是从此分手，或伺机报复？

有句话叫"以牙还牙"，分手或报复似乎更符合人的本能心理。但这样做了，怨会越结越深，仇会越积越多，而且自己也会心生怨懑，委屈不甘，甚至会陷入深深的怨恨之中不能自拔，看不到明媚的阳光，找不到快乐的天地。

相反，如果你在切肤之痛后，采取别人难以想象的态度宽恕对方，不仅能化解双方的矛盾和敌意，更能洗涤内心的伤痛，将自己从愤懑、怨恨中解脱出来，重新找回失落已久的快乐。

敏和娟是从小一块儿玩到大的朋友，大学毕业后，两人又碰巧到同一家大公司里工作，彼此间的关系自然十分亲密，可谓是亲如姐妹。

一次，敏和娟一起去拜访一位大客户，在她们的软磨硬泡下，客户终于有了初步的意向，并答应第二天签合同。

敏和娟别提有多高兴了，当天晚上，她们俩一起去吃意大利餐，以庆祝她们的“战果”。敏平日不胜酒力，但由于十分兴奋，再加上娟的一再劝说，她也破例喝了不少红酒，结果没一会儿就觉得头脑发晕，似有些醉意。于是，她赶紧和娟辞别，然后打车回家。回到家后，她倒头就睡，一直睡到第二天早上。

然而，等敏去了公司后才知道，昨晚娟和自己分手以后，再一次拜访了那位客户，并提前签成了那单生意。当然，所有的功劳都成了娟一个人的，娟还因为那笔生意升了职。

敏当然十分生气，可事已至此，生气有什么用呢？她只好接受了事实，继续埋头苦干，一年后也升了职。可她就是不能原谅娟，她不听娟的解释，和娟彻底绝交，拒绝去一切有娟的场合。

可是两人同在一个公司，哪怕再小心翼翼，也难免会不期而遇。每到这时，敏就会把头扭向一边，脸色铁青。哪怕，一秒钟前她还在捧腹大笑。

本来，犯错的是娟，应该受到心灵惩罚的也应该是娟，可是因为敏心中被仇恨占满了，所以她一直过得都不快乐，心情也不好。

于是，公司里就有热心的老大姐来劝她：“其实，娟犯的错误也不是特别大，并且她也一直在请求你的原谅，为什么不能原谅她呢？”

敏斩钉截铁地回答说：“要我原谅她？不，我什么都可以宽容，但就是不能够宽容卑鄙；我谁都可以原谅，就是不能够原谅她！”

“为什么不能呢？想想看，本来亲如姐妹，就因为那件事情，你们现在都活得很沉重，值得吗？你原谅娟曾经的过错，其实对于你，也是一种解脱。”

想了几天，敏终于明白过来了，也许娟并不像她一直想得那样卑鄙，也许娟当时真的是年少无知……但不管怎样，她决定原谅娟。她说，她的目的并不高尚——原谅了娟，就等于解脱了自己。为什么不呢？

就这样，敏终于说服自己去试着接受娟。两人见面虽然还很尴尬，但彼此脸上都有笑意，虽然有点不自然，但是比起原来好多了。慢慢地，两个人的关系又好了起来，敏的心情也随之好了许多。而且，因为不必刻意回避一个同事，所以敏的业务做得一帆风顺，没多久，便再次升了职。

人非圣贤，孰能无过？因此，何以不能宽恕别人所犯的错误呢？要知道，这样做不仅能反映你的宽大胸怀和雍容大度，也能将敌意化解为友谊，更能让你心里的怨恨与不悦随风而逝。如果你拒绝给人以宽恕，甚至总想变本加厉地去报复，不仅会把自己陷入愤怒、仇恨中难以解脱，而且也将会贻误自己的事业，失去更多美好的东西。

正如阿萨吉奥利曾所说："如果没有宽恕之心，生命就会被无休止的仇恨和报复所支配。人将处于无道德之中。"宽恕了别人，就等于解脱了自己。为什么不呢？

忘记恨，让我们的人格更崇高

如果我们还是执意不肯忘记怨恨，那么我们也就否认了自己拥有宽容豁达的心，这样下来，我们内心也会更加强调自己是"受害者"。

恨其实就是一把双刃剑，在伤害了别人的同时，也伤了自己。当一个人的心中有恨时，总是觉得别人对不起自己，总是认为自己付出了太多，而别人却熟视无睹，总是想当然地认为别人应该怎样回报自己，但他却没有那么做。其实，当你在恨中纠缠而找不到出口时，你不妨冷静下来仔细思考一下，在你怨恨他人的时候，你可以从中得到什么？答案只有一个，那就是让自己受到更深的伤害。

古希腊神话中有一位叫海格力斯的大英雄。有一天，他走在一条崎岖的山路上，路太难走了，他忍不住抱怨起来，就在这个时候，他突然发现脚边有个袋子似的东西很碍脚，没有了耐性的海格力斯狠狠地踩了那东西一脚，可是，那东西不但没被踩破，反而膨胀起来，变得非常的大。海格力斯恼羞成怒，捡起一根碗口粗的木棒就开始砸，可是这东西竟然胀大到把路堵死了。

就在这时，出现了一位圣人，对海格力斯说："朋友，快别再动它了，赶快忘了它吧，离它远一点吧！它叫仇恨袋，如果你不去惹它，它便小如当初，一旦你侵犯它，它就会膨胀起来，挡住你的路，与你敌对到底！"

仇恨是个很奇怪的东西，你伤害它，它肯定会伤害你。在茫茫人海中，相识就是一种缘分，而这些邂逅中不会每一个都是你爱的人，也包括一些你恨的人。

你也许会用一生的时间去爱一个人或恨一个人。可以肯定的是，当你爱一个人的时候，你是快乐的，他给予很多欢乐的、美好的回忆。只要你想起他，你肯定就会露出甜至心底的笑容，心情也会分外轻松；而恨就不一样了，你会不想见到他，甚至是他的朋友，你也不愿意提及，有时候，你真想狠狠地报复他，觉得让他跪在你的面前你才解恨。恨不得把他撕成碎片，把他的心掏出来看看到底是什么颜色的。这样，你的内心就被这些"恨"吞噬得伤痕累累，你强迫自己忘记关于他的一切，但是你越想要忘记，他却总像个恶魔一样浮现在你的脑海，于是你会变得更加烦躁、痛苦而不可理喻。到最后，你开始恨自己，恨自己瞎了眼，为什么会对他死心塌地，恨老天为什么要让自己认识他，结果你只会越来越恨，越来越无法自拔。

看到上面的文字，感情上有伤的你是不是深有感受？其实，想要忘记一个你恨的人和忘记一个你爱的人都不是一件容易的事。所以，不要轻易去恨一个人。恨一个人是毫无意义的，只会苦了心、累了身，而你恨的人还不是一样过着他逍遥的日子，根本不会对你有任何的内疚。所以，不要傻了，伤了自己的身体多不值得，为了让自己过得幸福快乐，还是将那些恨通通都忘记吧。

一位副科长在企业里兢兢业业地工作了近30年，就在他临近退休的时候，以他的条件足以评上正科长的，岂料，企业的总经理不同意。为此，他心里对那位总经理产生了非常深的怨恨。

就这样，原本安静的生活一下子被打乱，因为心情不好，老是感到身体不适。去医院检查过，也服用过大量的药品，但情况还是没有好转。

后来，一位做心理医生的朋友知道了他的事，就开导他说：一个人只有做到忘记怨恨，才能从不快的痛苦中解脱出来；否则，就是在拿别人的“错误”惩罚自己。

他听了朋友的话，开始试着释怀这件事。并且还主动去那位总经理家登门拜访，经过一番推心置腹，把双方的误解化为云烟，身体的不适也不治而愈，从此笑容常常挂在他的脸上。

是啊，现在的人这么多，哪一天不是人与人之间频繁地接触？无论与陌生人还是自己的亲朋好友，谁又能真正地说，自己与任何一个人都相处得很好？这个世界本来就充满矛盾，谁又能完全脱离这些摩擦呢？“恨”只能让一个人在狭隘中萎缩，“忘记恨”却能让一个人拥有人格上的崇高。

生活在这个世界上，无论你以什么样的心情过，日子都要一天天过，你快乐也是过，不快乐还是一样要过。没有人有权利让你不开心，不开心是因为你还不够宽容，是你总是残忍地和自己过不去，你认为：对自己的伤害就是对别人报复了。错了，人家根本不在乎你的恨，因为受伤害的是你自己。所以，你要用热情去对待世界，尽情挥洒自己的欢笑，用一颗真心去对待朋友，用爱心对待亲人，忘记那些深埋内心的怨恨，这是对伤害你的人最好的报复。这样的你，必然会活在一个全新的、充满脉脉温情的世界中。

宽容别人的人，往往会拥有更多

原谅那些令你痛苦不堪的人，容忍那些你认为无法忍受的事，让种种的不愉快都随风而去吧。在不肯原谅的人与事面前，静静地释怀吧，过去了的就让它随着时间慢慢消失吧。

什么是宽容？当你一只脚踩在紫罗兰的花瓣上时，它还将香味留在了你的脚上，这就是宽容。原谅别人，将一份宽容放在彼此无法融合的鸿沟前，这样，你给了别人一个机会，也是赋予了自己一种解脱，何乐而不为呢？反过来说，如果永远不想去宽容别人，它就会像长有虫洞的苹果一样，越来越腐烂，甚至将慢慢吞噬你纯洁的心灵，你将再也看不到鸟语花香，再也听不到高山流水。其实，每当你原谅了别人的过失时，也就是解开了自己的心锁、释放了自己！

在生命的旅程中，谁敢保证永远不会伤害到别人，谁又敢保证永远不会被人伤害呢？很多时候，我们在不经意之间，或是在局面不受自己控制的时候，很容易被他人伤害，也很容易伤害到他人。那么，当我们在受到伤害时，如果学会坦然地原谅，并且把微笑留给伤害你最深的人，这才是感情的一种最高境界。

在生活中，如果有人和你发生争执时，你最好不要太过较真，不一定非要分个输赢，就这些小事而言，是没有所谓的输赢，就算赢了，你也得不到什么好处，而输了，你又会输掉什么呢？所以，宁可自己主动去原谅别人，也不要让别人来原谅你。

可能有人要说了，面对那些对自己痛彻心扉的伤害，如果要做到释怀，谈何容易啊？那些无情的背叛、刻骨的伤痕，都已经是深扎心里了。每当想起，都会咬牙切齿，又何谈原谅呢？那么，我们不妨看看齐桓公重用管仲的范例吧。

在百家争鸣的春秋时期，齐国国王齐襄公死后，肯定要有新的君王上位，但是，齐襄公有两个儿子，一个是公子纠，一个是公子小白。这两个异母兄弟听说自己的父亲去世后，都赶回齐国争夺王位。这个时候的管仲是辅佐公子纠的，在他们回齐国的途中，管仲曾经派人射杀公子小白，以此为公子纠消灭竞争对手。奇怪的是，公子小白并没有死，并且还抢先回到齐国都城夺取了王位，他就是历史上著名的齐桓公。

后来，公子纠被赐死，管仲也被押送回齐国。本来这个时候齐桓公对管仲有着刻骨铭心的恨，非常想把他千刀万剐。但是齐桓公是一个广纳贤臣的人，他在听了鲍叔牙的劝告之后，不但没有杀管仲，还亲自出城迎接他，并且任命他为相。齐桓公之所以会九合诸侯，一匡天下，成为春秋时代的第一位霸主，这和他不记一箭之仇，原谅并重用有治国之才的管仲是分不开的。

雨果曾经说过：“世界上最宽阔的是海洋，比海洋宽阔的是天空，比天空更宽阔的是人的胸怀。”是啊，宽容的人一般都有着宽广的胸怀和巨大的智慧。只有忘记仇恨，才能与人和睦相处，才会赢得他人的友谊和信任，才会赢得他人的支持和帮助。只有忘记仇恨，才能放下沉重的心理包袱，轻松地向前走去。

原谅是一件非常难能可贵的事，需要有爱心，有涵养，有博大的胸怀。“要爱你的仇敌。”因为没有原谅就不能解脱。人的一生中，总会有许多磕磕碰碰的事情发生，如果一直不肯原谅，最后伤害的还是自己！

包容别人，快乐就会属于自己

在漫长的人生道路中，一个人难免会误入歧途，这时就需要你用包容来感化他，引领他走向正确的道路。

生活中总是会有一些不和谐的音符，不经意间影响着你的生活：有人会背叛你，有人会反对你，有人会拆你的台，有人会跟你捣乱……总之，不如意的事情好像会随时存在，让你的心情无法快乐起来。这个时候，你是选择以牙还牙还是选择包容呢?

在一个庆功宴上，一位士兵不小心将菜汤洒到了将军的秃顶上，士兵吓得目瞪口呆，众人也惊慌失措，没想到将军却诙谐地说："小伙子，你以为这样能治好我的秃顶吗?"话音一落，全场的紧张气氛立即消除，人们终于领略了什么叫大将风度，宴会又重新回到了快乐之中。

将军用诙谐包容了士兵的失误，既赢得了众人的尊敬，又没有影响宴会的快乐气氛。由此可见，包容不是软弱，也不是无能，而是无私的胸怀，一种博大的胸襟。包容是海纳百川，是厚德载物，是淡泊明志，是宁静致远。没有包容，就没有和谐，没有包容，就没有快乐。

包容反映了一个人的品德修养和胸怀肚量，"人非圣贤，孰能无过，过而改之，善莫大焉"。因为包容，生活会更加美好，因为包容，人生会更加快乐。

张娟身怀六甲的时候，知道丈夫强有了外遇，为了不伤胎气，她尽量忍着，依旧一副快快乐乐的样子。

后来，孩子一天天长大，可张娟发现丈夫强丝毫没有回头的意思。本来，她可以像别的妻子那样当面揭穿强的老底，与他大吵大闹。但张娟选择了忍让。尤其是当她看到天真无邪的儿子一天比一天乖巧之后，她越发不忍心毁掉这个家，她用包容来体谅丈夫的一切胡作非为。

斗转星移，张娟在苦闷之中一晃过去了7年。到了儿子上小学的年龄了，为了保全这个完整的家，为了不让儿子受到伤害，张娟决定将自己这7年来的感受向强坦然相告。她利用一次外出学习的机会，特意给强留下一封信，告诉他自己早已知道他的隐情，然而，作为深爱他的妻子，她总想把机会留给丈夫，给他一个空间，希望他能幡然醒悟。末了，张娟还特意加了一句："夫妻之间，包容也是一种爱，不知你能否理解一位痴情妻子的良苦用心。"

捧读着妻子留下的这封沾满泪迹的信，强的灵魂被深深地震撼。当夜，他给妻子打去长途电话，电话中，强声泪俱下，他深深地检讨了自己的错误，真诚地祈求妻子的谅解。

一场婚外情便这样结束了，强又回到了家的怀抱。

这是一个感人的故事，在这个故事中，妻子以包容唤醒了丈夫的真情，重拾了家庭的快乐。我们不妨假设一下，如果张娟没有一颗宽容的心，在发现了强的出轨以后，她选择大吵大闹，或者是断然离开丈夫，事情会怎样发展呢？可能的情况是，强会毅然决然地投入另一个女人的怀抱，他没有什么后悔的，而张娟却成了这起离婚事件的牺牲品。所幸张娟没有这样做，她选择了包容。因为她的包容，强幡然醒悟，他走出了一时的猎奇，选择了这份久远的真情。相信强在以后的人生道路中，一定会倍加珍惜这份感情的，而他们的家庭，在经历过这番风雨之后，一定会重见彩虹，找回丢失的快乐。

是的，包容别人其实就是善待自己，多一分包容就会多一分快乐。人活于世，难免会遇到不幸，当不幸来临时，只要你拥有一颗包容的心就会淡定许多。事实上，每个人都不缺少包容的能力，每个人都可以活得很快乐，但是生活中，还是有许多人常常抱怨烦恼。其实这些人的烦恼并不是由多大的事情造成的，而是因为对身边的一些微不足道的琐事缺乏包容引起的。比如，有的人对周围的人和事过于敏感，别人说的话，喜欢句句琢磨；对别人细微的过失或偶尔的小差错，不肯轻易放过，斤斤计较。由于缺乏包容，这样的人不是在享受生活，而是在为自己制造心灵的枷锁，他们找不到生活的快乐也就不足为奇了。

素素是佛光丛林学院的学生，由于对训导老师不满，她总是抱怨找不到学习的乐趣。

有一天，院长慧空法师将她找来，问道："听说你很苦闷，对训导老师不满，说说看，你对他有什么意见？"

素素抓住机会，开始数落训导老师的不是，一说就说了半个小时。

慧空法师一直静静聆听素素的诉说，直到素素自己停了下来。

慧空法师问："你可以再举几个例子吗？"

素素仔细想了想，确实没有了，她摇了摇头。

于是慧空法师说："你讲完了，现在可以换我讲了吗？"素素点点头。

慧空法师说："你的个性是属于黑白分明、疾恶如仇类型的。"

素素满意地点头说："师父，您说得真准，我正是这样的人呢！"

慧空法师又说："你知道，这世界是一半一半的世界。所谓'一半一半'，是指天一半，地一半；男一半，女一半；善一半，恶一半；清净一半，污秽一半。很可惜，你拥有的是不全的世界，所以你得不到快乐。"

素素听了之后，愣了半晌，问道："师父，您为何说我拥有的是不全的世界呢？"

慧空法师说："因为你要求完美，你只能接受完美的一半，不能接受残缺的一半，所以你拥有的是不全的世界，毫无快乐可言。"

素素顿时好像失去了重心，不知所措，问道："那我该怎么办才好呢？”

慧空法师慈悲地说道：“学习包容不完美的世界，你就会拥有快乐了。”

是的，“学习包容不完美的世界，你就会拥有快乐了”。事实不正是如此吗？历史上蔺相如包容了廉颇，所以他得到了友谊的快乐；鲍叔牙包容了管仲，所以他得到了“九合诸候，一匡天下”的快乐；李世民包容了魏征，所以他得到了贤臣辅佐的快乐。

以史为鉴，当生活中亲情出现裂缝的时候，友情出现僵硬的时候，爱情出背叛的时候，让我们用一颗包容的心去面对一切，宽容别人的过错，让亲情愈合，让友情复苏，让爱情回归。当你学会了包容时，你会发现：生活中没有什么事情是过不去的，过了这个坎，明天快乐依旧在自己的身边。

宽恕伤害过自己的人，你的世界会更美好

在现实生活中，你学会容忍是很有益处的。不论是什么人，在得到你的容忍后，他们都会对你心存感激和敬重的。也正是因此，你的影响力得到了很大的提高。

能够宽容伤害过自己的人，这对你来说肯定不容易做到，要想做到这一点你必须拥有高尚的情怀和良好的素质。你可能认为这是一件荒唐的事，可是事实说明好多人已经做到了，并且做得很好。是他们使得你我生活着的世界充满了温暖与光明、鲜花与掌声、人性，以及活下去信心！

在美国爱荷华大学有一封信，那封信的复印件保存在这所学校已故的副校长曾工作过的房子里，那是一封让所有人难以理解的信。

那位副校长名叫安·柯莱瑞，她是爱荷华大学最有权威的女性之一，很久以前，她的父亲远涉重洋来到印度传教，她成了出生在印度新德里的美国人，所以她对印度有着特殊的感情。她终身未婚，对待印度的留学生就像对自己的孩子一样，无微不至地关照他们，爱护他们，每年的感恩节和圣诞节总是邀请印度留学生到她家中做客。

不幸的事情发生在1991年11月1日，那是一起震惊世界的惨案。一位名叫加特加的印度留学生，在他刚刚获得爱荷华大学太空物理博士学位的时候，开枪射杀了这所学校的3位教授，这所学校的副校长安·柯莱瑞也倒在了血泊中。

1991年11月4日，爱荷华大学的2.8万名师生停课一天，为安·柯莱瑞举行了葬礼。安·柯莱瑞的好友德夫·保罗神父在对她的一生回顾追思时说："今天是我们的愤怒和仇恨笼罩的日子，安·柯莱瑞将是第一个责备我们的人。"

这一天，安·柯莱瑞的3位兄弟举行了记者招待会，他们以她的名义捐出一笔资金，宣布成立安·柯莱瑞博士国际学生心理学奖学基金，用以安慰促进外国学生的心智健康，减少人类悲剧的发生。

她的兄弟们还在无比悲痛之中，以极大的爱心宣读了一封致加特加家人的信。这就是保存在她曾工作过的那所房子里的那封信——

致加特加的家人：

我们经历了突发的巨痛，我们在姐姐一生中最光荣的时候失去了她。我们都以姐姐为荣，她有很大的影响力，受到了每一个接触过她的人的尊敬和热爱——她的家庭、邻居，她遍及各国学术界的同事、学生和亲属。

我们一家从很远的地方来到这里，不但和姐姐的众多朋友一同承担悲痛，也一起享受着姐姐在世时所留下的美好回忆。

当我们在悲伤和回忆中相聚一起的时候，也想到了你们一家人，并为你们祈祷，因为这个周末你们肯定是十分悲痛和震惊的。

安最相信爱和宽恕，我们在你们悲痛时写这封信，为的是要分担你们的悲伤，也盼你们和我们一起祈祷彼此相爱。在这痛苦的时候，安是最希望我们大家的心都充满同情、宽容和友爱的。我们知道，在此时，比我们更感悲痛的只有你们一家。请你们理解，我们愿和你们共同承受这悲伤。这样，我们就能一起从中得到安慰和支持。安也会这样希望的。

诚挚的安·柯莱瑞博士的兄弟们

弗兰克/麦克/保罗·柯莱瑞

世界上多少悲剧，多少恐怖，皆因人与人之间不能容忍而发生！不能容忍实际上和愚昧同一意义，而且这种愚昧，是野蛮人和暴徒的愚昧，因为他们对于世间的事物认识不清，由隔膜而误会，由误会而发怒，他们不能容忍别人，别人也不会容忍他们。当然我们不盼望这种悲剧再重演，可是被害者的家属和害人的人的家属的互相宽慰和容忍也是你我学习的榜样，他们的这种崇高的精神，良好的道德，能够宽容一切的举动将会流传百世。同时也唤醒那些平时装模做样，背后嫉妒和斤斤计较的小人的一些良知。

所以说，容忍和谦让是你在人际交往关系的重中之重，把别人的一切错误和过失，都放在容忍谦让中软化，让一切怨忿和仇恨都不再生根、发芽，你的世界才会更美好。

容忍别人，才能得到别人的容让

不能容忍别人的人，只能是孤家寡人，只有孤独和失败陪伴自己平平慵慵的一生。人往往因一件小事不能容忍，就会把自己推下万丈深渊。

容忍谦让可以说是建立在双赢的原则基础之上的，这话听起来很拗口，可是在当今世上，确实是这样的，你不能容忍谦让别人，别人怎能容忍你呢？

杜鲁门这个名字无人不知，无人不晓，做为美国总统，1950年的最后几个月里，是杜鲁门执政生涯中最难捱的时期，中期选举受挫，美军在朝鲜半岛溃败，与麦克阿瑟将军矛盾激化，最亲近的新闻秘书突然去世——就在此时，他那酷爱歌唱艺术的宝贝女儿玛格丽特，又火上加油，引出了令民众不能宽恕的一封信。

那天，杜鲁门和第一夫人走进演出大厅，里面3500个座位早已座无虚席。玛格丽特走上舞台，她身穿粉红色的绸缎服装，显得容光焕发，当她向总统包厢鞠躬时，杜鲁门微笑着向她鼓掌致意。

“宝贝女儿”唱的都是轻快的曲子，包括舒曼和舒伯特的选曲以及莫扎特的《费加罗的婚礼》中的一个咏叹调。她的表演赢得了阵阵掌声，而且谢幕达4次之多。

第二天华盛顿《时代先驱报》发表赞美性的评论。但是，观众中的一些人认为她的演出不够标准。

早晨5点半在布莱尔大厦，杜鲁门打开了《华盛顿邮报》，在它第2

部分第12版上看到音乐评论家保罗·休姆的一篇评论文章，评论开头说："女高音玛格丽特·杜鲁门昨晚在宪法大厅演唱。杜鲁门小姐是美国的一位奇才，她悦耳的嗓音音量很小，音质尚好。她在台上极有吸引力——然而，杜鲁门小姐无法唱得很好。她在大量的时间里唱得平淡，昨晚甚至比过去几年来我们听到过的任何一次都更加平淡……几乎没有什么时刻能使人感到轻松——杜鲁门小姐的水平没有提高——并且要付予听世界上最优秀的歌唱家演出一样多的门票费——"

由于杜鲁门正处在紧张状态下，因此这篇文章引得他大发雷霆。

在布莱尔大厦的书房里，他在一本白宫便笺上，写下了一封激昂万分的给保罗·休姆的信，并让白宫的收发员塞缪尔把信放进街上的邮筒里。

虽然休姆和《华盛顿邮报》的编辑决定不刊登总统的信，但信件显然被复印了出来，而且很快就全文出现在小报《华盛顿新闻晚报》的头版上。

信上杜鲁门指责说，"在我看来你是一个灰心丧气的老头（休姆34岁）"，还说休姆是一个捡破烂者等等，他不能容忍一篇评论的做法，激起了民愤。美国民众纷纷表示谴责，对总统的这一举动表示遗憾。篇篇信件纷纷进入白宫，杜鲁门直到临终也对此事深表遗憾。

杜鲁门不能容忍，给他带来终身遗憾，也因此受到了民众的遗责，这不正是说明了你不能容忍别人，别人也不会容忍你吗？

爱莉丝每天上班都必须坐公交车，一来是省钱，二来也能为她的写作搜集一些素材。有一天爱莉丝上车刚落座的时候，看见一位抱小孩的妇女，爱莉丝急忙站起来给这位妇女让座。这位妇女很感谢爱莉丝，当她快要下车的时候，又把座位让给了爱莉丝。其实这是不值一提的小事，但爱莉丝对自己的做法感到很愉快，因为她做了一件好事。

可是有些人并不是这样，爱莉丝的朋友杰西跟爱莉丝一样，也是上班一族，但他的性格属于小肚鸡肠、凡事斤斤计较的那种。他最近跟爱莉丝说公司的人都不愿意接近他，说他太让他们不能容忍，有时因为一件小事也耿耿于怀，他想辞职。爱莉丝说：“最好还是待下去吧，因为现在工作不好找，把你的性格改变一下就行了，不要总是跟别人斤斤计较。”几天后杰西打电话说“形势”有些好转了。

在你的日常生活里，经常会出现一些关系紧张化的情况，此时你必须用冷静的头脑去容忍别人，如果你不能容忍别人，别人就不会容忍你。就像买东西那样，你不付钱，东西能白给你吗？真诚地给予，才能得到丰厚的回报。

报复别人，只能证明你的懦弱

因为不够大度，不懂宽容和感恩，很多人在怨气面前迷失了方向，以至于做出一些连自己都感到荒唐的事来。

之所以报复，是因为人们认为别人的行为和举动伤害到了自己的利益或是内心，所以为了平衡自己的内心，人们往往会采取报复的手段。殊不知，在报复的同时正暴露着自己最脆弱的一面。

有人曾经说过这样一句话：报复别人其实就是在报复自己。这句话虽然有些绝对，但是它却包含了一个深刻的道理，同时它也引起了人们的深思，我们为什么要报复，报复对我们又有什么好处呢？

我们常常会见到两个人因为一些小事结下怨恨，然后是你来我往的一系列报复，结果两人心中的怒气不但没消，反尔怨气更大了，仇恨更深了，以至于到最后，两个人成了水火不相容的敌人。

俗话说：多一个朋友多一条路，多一个敌人多一堵墙。在这个人脉就是财脉，人脉就是命脉的时代，人际交往对一个人的成功来讲就显得更加珍贵了。而一个人一旦习惯了报复别人，那么他就非常容易得罪别人，而当一个人得罪的人多了，他的人生之路也就会随之变窄，进而就会变成一个没有太多成功希望的人。因此最后的结局只能是这个人只能歇斯底里，因为他总是看不到希望。

因此，如果一个人想要豁达、从容地实现自己人生的梦想，想要迅速实现自己成功的愿望，那么他就需要学会放弃报复，只有这样他才能逐渐变得心平气和，才能有更多的时间和精力去追逐自己的梦想和成功。

有一位年轻人总是喜欢仅仅计较，动不动就因为一些小事情和人争吵、打架，因而人们都很讨厌他，他的人缘更是差得没法说，他总是幻想着用还击来赢得人们的尊重。

一天，这位年轻人无意中游荡到了大德寺，他来的很巧，正好赶上一休禅师讲佛法，听完之后，年轻人决定痛改前非，再也不像以前一样与人结怨，并且对一休禅师说："师父！以后，我再也不会动不动就和别人打架斗嘴了，即使人家把唾沫吐到我脸上，我也不会计较了！"

"那就让唾沫自干吧！"一休禅师微笑着说。

"如果拳头打过来，该怎么办呢，师父？"年轻人继续问道。

"不要太在意！只不过是一拳而已。"一休禅师轻声答道。

年轻人听了一休禅师的话认为他在耍自己，于是就举起拳头朝一休禅师的头打过去，问道："一拳，打在你脸上感觉如何？"

结果，一休禅师非但没有生气，反而关切地问道："我的头硬如石头，你的手打疼了吧？"

听完一休禅师的话，年轻人羞愧地低下了头，有所领悟地回家了。

通过这个哲理故事，相信很多人已经对报复带给人的困扰有了一个更加真实的认识了。同时，也能清楚地认识到，只有宽容、大度、以德报怨才能更好地将人与人之间的怨恨化解于无形。一个人的内心也只有在以德报怨之后才会有所顿悟，才会从指责别人变为指责剖析自己。相反，如果一个人不懂得自省，遇事总把别人往坏处想，那很可能是因为他自己做错了事又不敢承认。

曾经在一家娱乐城发生过这样一件事。一天，娱乐城的工作人员在打烊后清扫包间时，捡到了一个钱包，里面装有手机、信用卡和一沓钞票。由于暂时找不到失主的联系方式，工作人员只好把钱包交给了领导，然后报了警。娱乐城方面希望能够在警察的帮助下尽快找到失主。可是就在警察赶到娱乐城时，失主的手机响了，原来是其妻子打来的，于是工作人员就向失主的妻子说明了情况，希望能够尽快将东西物归原主。

听完解释后，失主的妻子才弄清了事情的原由。后来在她的协助下，娱乐城的工作人员很快就联系上了失主。正当警察与娱乐城的工作人员一起等候失主的时候，失主到达娱乐城之后，首先不是对娱乐城的人员表示感谢，相反却是出言不逊，对他们破口大骂，甚至还动手动脚。被警察制止后，他说，要不是娱乐城的工作人员，他的妻子怎么会知道他来娱乐城消遣了呢?

还没看完这个事例时或许很多人对这位钱包失主的行为感到十分的莫名其妙，但是他最后一句话一语道破天机，因为他在害怕，因为他的内心在颤抖，所以他才会表现得这么没有理智，他才会做出这样以怨报德的事情。

所以说，我们不能总是只看到下定决心去报复他人的人的“威风”，更应该看到他们内心的不安和诚惶诚恐。试问，像这样一些连自己都控制不好的人，怎么能在实现成功的道路上有所收获呢？试问一个内心如此虚荣又失衡的人，怎么可能经受得起成功的考验呢?

要想自己方便，请别忘了说声“谢谢”

“谢谢”是沟通的桥梁，是尊重他人的付出，是抚平冷漠的良药，是打开僵局的钥匙，是缓解人际关系的润滑剂，更是日常生活中的温暖之源。

在生活中，往往一句简单的“谢谢”，就会使人心情瞬间变得愉悦，使人变得高兴，原本烦闷的心情顿时烟消云散。

从前，有两个人同时去见上帝，问上帝去天堂的路怎么走？上帝见两人饥饿难忍，先给他们两人每人一份食物。一人接过食物很是感激，连声说：“谢谢！谢谢！”另一人接过食物无动于衷，仿佛就该给他似的。之后，上帝只让那个说“谢谢”的人上了天堂，另一个则被拒之门外。被拒之门外的人不服，他说：“我不就是忘了说声‘谢谢’吗？”上帝说：“不是忘了，没有感恩的心，就说不出谢谢的话；不知感恩的人，就不知爱别人也得不到别人的爱。”上帝接着说：“这就没办法了。因为天堂的路是用感恩的心铺成的，上天堂的门只有用感恩的心才能打开，而下地狱则不用。”

天堂需要“谢谢”，人间更需要“谢谢”。生活中，一句“谢谢”，看似简单至极，但它让人感受到内心的温暖，它拉近了人与人的距离，甚至可以让彼此成为好朋友。生命需要“谢谢”，生命离不开“谢谢”。不懂得“谢谢”的人，就不懂得人生，就不懂得生活，就不懂得爱，就不懂得做人。贫穷需要“谢谢”，富裕也需要“谢谢”，陌生人需要“谢谢”，朋友间也需要“谢谢”，困境中需要“谢谢”，幸福中也需要“谢谢”。

一位外国总统问一位104岁的老太太长寿的秘诀时，老太太回答说：一是要幽默，二是学会感谢。从25岁结婚起，每天她说的最多的两个字便是“谢谢”。她感谢丈夫、感谢父母、感谢儿女、感谢邻居、感谢大自然给予她的种种关怀和体贴，感谢每一个祥和、温暖、快乐的日子。别人每对她说一句亲切的话语，每为她做一件平凡的小事，每送给她一张问候的笑脸，她都忘不了说声“谢谢”……80年过去了，是“谢谢”二字使老太太的快乐长久，使老太太的幸福长久，使老太太的生命长久，使老太太一切的一切长久。

其实，在日常生活中，你帮我、我帮你的情况比比皆是，人与人之间都离不开帮助，因为方便他人等于方便自己。但要记住，受人帮助和恩惠，一定要说声：“谢谢！”

因为说出了谢谢，是发自内心的真实愿望表现，同时被感谢者也会感到温暖，很感动。彼此的眼睛里都会有欣喜，被人感谢也是一种幸福。

有一个作家，一直都不太得志，这使他的心情很沮丧。一次他独自一人在一条临河的路边缓缓走着，他认为自己实在没有什么人生价值，写的几本书都没有受到市场的青睐，生活是如此的无趣，看着滚滚的河水，心情恶劣的他有一股想跳下去的冲动。

“请问你是某某作家吗？”一个年轻的声音在他的身后响起。

他回头看到一位女子以充满喜悦的语气说：“对不起，打扰你了，我只是想告诉你，你写的文章给我了很大的帮助，让我的人生充满了意义，所以很冒昧地过来谢谢你。”

“不，不，应该是我谢谢你才对。”作家眼含泪水激动地说。

仅一句感谢鼓励的话就唤醒作家存在的价值，也挽救了一颗绝望而沮丧的心灵。在我们的心中是不是对一些人，也有一句迟迟未说的感谢话？不要迟疑，现在就拿起电话或纸笔，马上表达一下谢意。没有一个人会嫌感谢太多，它不用花我们的一分钱，却给我们带来那么多的精神财富。

“谢谢！”是一句最普通，最朴实，最平凡的话，但也是最温暖人心的话语。无论你走到哪里，如果你能够对每一位为你服务过的人、帮助过你的人说一声“谢谢！”，他一定会打心底里感到安慰。反过来说，如果他的这种工作若是被人漠视，或者被认为是理所当然的话，他一定感觉不舒畅。

我们周围永远有些事物需要我们感恩。“谢谢”有多少，爱就有多少，爱有多少，“谢谢”就有多少。不去感谢他人的人，自己也得不到别人的感谢。

在生活中，我们要知恩图报，受人滴水之恩，必当涌泉相报，你敬我一尺，我敬你一丈。相信大家都知道这个道理，一定要时刻牢记别人对自己的帮助，而且要及时表达出来。

感恩的话语一定不要发于心止于口，一定要将感恩之意说出来，把感激之情表达出来，那就是浓缩成两个字——“谢谢！”

不论是上级还是下级，是老人还是小孩，是父母还是孩子，是路人还是朋友，大家都是平等的。对于别人微小的帮助、善意的赞美、真诚的鼓励，都不要忘了说声“谢谢！”

在这个世界里，如果没有阳光，就没有温暖；没有春天，就没有万物的生长；没有花儿，就没有大地的芳香；没有水源就没有生命；没有父母双亲，就没有我们自己；没有亲情、友情和爱情，这个世界就会变得枯燥无味，了无生趣……因此，在我们得到他人的帮助和关怀时，一定要心怀感激，真诚地将“谢谢”及时说出来，谢谢会使我们每个人拥有一份如沐春风的美好心情。